生活污水和垃圾处理设施
采用政府和社会资本合作
（PPP）模式操作指南与实例

陈伟雄　主编

中国建筑工业出版社

图书在版编目（CIP）数据

生活污水和垃圾处理设施采用政府和社会资本合作（PPP）模式操作指南
与实例 /陈伟雄主编. — 北京：中国建筑工业出版社，2017.12
ISBN 978-7-112-21577-5

Ⅰ.①生…　Ⅱ.①陈…　Ⅲ.①政府投资 — 合作 — 社会资本 — 应用 — 生
活污水 — 污水处理 — 研究 — 广东②政府投资 — 合作 — 社会资本 — 应
用 — 生活废物 — 垃圾处理 — 研究 — 广东　Ⅳ.① X703 ② X799.3

中国版本图书馆CIP数据核字（2017）第291878号

　　本书共分 8 章，分别为总则、项目识别、项目准备、项目采购、
项目执行、项目移交、案例分析、附则。
　　本书可供 PPP 项目操作技术人员参考。

责任编辑：田启铭　于　莉
版式设计：京点制版
责任校对：党　蕾

生活污水和垃圾处理设施采用政府和社会资本合作
（PPP）模式操作指南与实例
陈伟雄　主编
＊
中国建筑工业出版社出版、发行（北京海淀三里河路9号）
各地新华书店、建筑书店经销
北京点击世代文化传媒有限公司制版
北京京华铭诚工贸有限公司印刷
＊
开本：850×1168毫米　1/32　印张：3½　字数：85千字
2018年5月第一版　2018年5月第一次印刷
定价：30.00元
ISBN 978-7-112-21577-5
　　　（31235）

本书编委会

组　　长　杜挺
副组长　郭建华

主　　编　陈伟雄
副主编　景诗龙　于海涛
编制成员　黄志聪　刘钰坤　余鹏钧
　　　　　李渭印　莫惠婷　林敏仪

前　言

　　《生活污水和垃圾处理设施采用政府和社会资本合作 (PPP) 模式操作指南与实例》（以下简称《指南》）是为了配合广东省政府《加快推进粤东西北地区新一轮生活垃圾和污水处理基础设施建设实施方案》（简称《实施方案》）的实施而编写，旨在指导广东省粤东西北各县政府如何在短时间内补齐城、镇和村大量的生活污水和垃圾设施的短板，解决大量资金缺口，高质量的完成任务，实现环境的明显提升。《指南》依据国家近期推广的污水和垃圾采用政府与社会资本合作（PPP）模式的政策要求，制定污水和垃圾项目采用 PPP 的具体操作流程，并通过图表和流程图等直观易懂的手法，附加操作过程各节点的要点说明，使污水和垃圾项目涉及的政府各部门人员通过阅读能清楚了解项目操作流程和相关责任，尤其项目实施主体工作人员能清楚整个项目的各环节操作流程，方便制定工作计划。《指引》录入我院十几年来完成的典型 PPP 项目的实施案例，加深阅读人对 PPP 项目关键内容的认识。

　　《实施方案》要求县域内城、镇和村生活污水和垃圾全覆盖，并要求完善已建污水处理系统的配套污水收集管道，新建污水处理厂同步建设配套污水收集管道的建设，确保污水处理系统的效能，实现污染物减排，实现环境同步改善。垃圾处理要求县域全覆盖，垃圾分类收集处理，完善回收利用设施，提升服务质量，构建完整的城乡一体化生活垃圾收运体系。因此，本次项目实施必须利用好PPP模式的灵活性和设计、融资、建设和管理一体化的优点，解决好以往"重建轻管，重厂轻网，重量轻质"所带来的系统低效能和无效供应；《指引》通过提出"区域性打包、多项目打包、一体化打包和适规模打包"的捆绑模式，完善提升原系统，强调"重视绩效，动态考核"，设定严格的绩效付费机制，确保环境效益长效提升，真正做到PPP项目物有所值。

目前，广东省粤东西北65各县开始全面推广整县污水处理设施捆绑采用PPP模式招商，生活垃圾采用整县PPP环卫一体化服务或镇村环卫一体化模式，效果符合《指引》倡导的"高效、保质、节约和保障"的要求，在全国特色明显，为广东省实现全面治污，提前实现全面小康提供有力支持。

《指南》在编写过程得到广东省住房与建设厅有关领导大力支持，各地级市主管部门领导提出有益建议，在此，我代表编写组对大家的辛苦劳动表示衷心感谢！

另外，为了提高读者对PPP项目操作的认识，特别增加广东省建筑设计研究院PPP项目咨询中心完成的PPP项目典型案例，并邀请我们长期合作的法律顾问团队——中咨律师事务所提供一些特别的案例，在此表示感谢！

目　录

第1章 总 则

1.1 制定目的

为深入贯彻落实《全省改善农村人居环境暨粤东西北地区新一轮生活垃圾和污水处理基础设施建设工作》电视电话会议和《广东省住房和城乡建设厅等部门关于印发〈加快推进粤东西北地区新一轮生活垃圾和污水处理基础设施建设实施方案〉的通知》（粤建城〔2015〕242号）精神，科学规范地推广运用政府和社会资本合作（Public-Private Partnership，PPP）模式，加快推进粤东西北地区新一轮生活垃圾和污水处理基础设施建设，根据有关法律、法规、规章和规范性文件，特编制本指引。

1.2 基本定义

本指引所称的政府和社会资本合作（PPP）模式是指政府采取竞争性方式择优选择具有投资、运营管理能力的社会资本，双方按照平等协商原则订立合同，明确责权利关系，由社会资本提供公共服务，政府依据公共服务绩效评价结果向社会资本支付相应对价，保证社会资本获得合理收益。

其中，社会资本是指已建立现代企业制度的境内、外企业法人，但不包括本级政府所属融资平台公司及其他控股国有企业。对已经建立现代企业制度、实现市场化运营的，在其承担的地方政府债务已纳入政府财政预算、得到妥善处置并明确公告今后不再承担地方政府举债融资职能的前提下，可作为社会资本参与当地政府和社会资本合作项目，通过与政府签订合同方式，明确责权利关系。

1.3 适用范围

本指引供粤东西北地区 12 个地级以上市的全域和惠州、江门、肇庆市的县域地区各级政府及生活垃圾或污水处理行政主管部门，在开展生活垃圾或污水处理基础设施 PPP 项目的识别、准备、采购、执行、移交等活动时参考使用。其他行政主管部门及社会资本、中介机构、咨询机构等涉及住房和城乡建设领域 PPP 项目的参与方亦可结合实际情况参考使用。

1.4 主要依据

本指引主要依据《中华人民共和国政府采购法》《中华人民共和国政府采购法实施条例》《国务院办公厅转发财政部、发展改革委、人民银行关于在公共服务领域推广运用政府和社会资本合作模式指导意见的通知》（国办发〔2015〕42 号）、《财政部关于推广运用政府和社会资本合作模式有关问题的通知》（财金〔2014〕76 号）、《财政部关于印发政府和社会资本合作模式操作指南（试行）的通知》（财金〔2014〕113 号）、《关于印发〈政府和社会资本合作项目财政承受能力论证指引〉的通知》（财金〔2015〕21 号）、《关于印发〈PPP 物有所值评价指引（试行）〉的通知》（财金〔2015〕167 号）、《广东省住房和城乡建设厅等部门关于印发〈加快推进粤东西北地区新一轮生活垃圾和污水处理基础设施建设实施方案〉的通知》（粤建城〔2015〕242 号）等法律、法规、规章和规范性文件而制定，主要依据详见附件 2。

1.5 基本原则

1. 转变职能，市场运作

充分发挥市场在资源配置中的决定性作用，各级政府及生活垃圾或污水处理行政主管部门要集中力量做好政策制定、发展规划、市场监督和指导服务，从直接"提供者"转变为社会资本的"合作者"及生活垃圾或污水处理基础设施 PPP 项目的"监管者"。

2. 依法合规，公开透明

按照生活垃圾或污水处理基础设施 PPP 项目的全生命周期管理要求，依法合规地进行项目选择、方案审查、伙伴确定、价格管理、退出机制、绩效评价、信息公开等，确保项目实施决策科学、程序规范、过程公开、责任明确、稳妥推进。

3. 因地制宜，积极稳妥

根据《加快推进粤东西北地区新一轮生活垃圾和污水处理基础设施建设实施方案》（以下简称《方案》），因地制宜地制定和实施项目建设计划，稳定社会资本收益预期。加强项目成本监测，既要充分调动社会资本积极性，又要防止不合理让利或利益输送。

4. 互利共赢，风险分担

按照风险收益对等原则，在政府和社会资本合作期间，社会资本获得合理收益，政府实现公共利益最大化。合理分配项目风险，原则上项目的建设、运营风险由社会资本承担，法律、政策调整风险由政府承担，自然灾害等不可抗力风险由双方共同承担。

5. 重诺履约，平等协商

政府和社会资本合作双方要牢固树立法律意识、契约意识和信用意识，在平等协商、依法合规的基础上，按照权责明确、规范高效的原则订立生活垃圾或污水处理基础设施 PPP 项目合同。项目合同一经签署，严格按照合同法执行，无故违约必须承担相应责任。

6. 注重绩效，动态考核

各级政府及生活垃圾或污水处理行政主管部门要高度重视项目绩效考核，建立健全项目动态绩效评价体系和考核机制，将绩效考核结果作为政府支付服务费用、财政补贴的主要依据，促进社会资本降低项目全生命周期成本，提高公共服务质量和运营水平，实现效益最大化。

1.6 操作流程

根据《财政部关于印发政府和社会资本合作模式操作指南（试行）的通知》（财金〔2014〕113号）的要求，结合生活垃圾或污水处理行业特点，粤东西北地区新一轮生活污水和垃圾处理基础设施 PPP 项目操作流程主要包括：项目识别、项目准备、项目采购、项目执行、项目移交等步骤，具体操作流程图详见附件3。

第2章 项目识别

2.1 项目发起

粤东西北地区新一轮生活垃圾和污水处理基础设施PPP项目发起方主要是各县（市、区）人民政府，具体主要实施部门是各县（市、区）生活垃圾或污水处理行政主管部门。各县（市、区）生活垃圾或污水处理行政主管部门按照《方案》要求，因地制宜地遴选出潜在的生活垃圾或污水处理基础设施PPP项目，并报当地财政部门（政府和社会资本合作中心）评估筛选。除新建项目外，各地生活垃圾或污水处理行政主管部门可结合实际，推动生活垃圾或污水处理基础设施存量项目以TOT、ROT等方式转型为PPP项目，引入社会资本开展存量项目的改造和运营。

PPP项目发起时，可以聘请专业咨询服务机构提前介入提供咨询服务，对生活垃圾或污水处理基础设施进行科学合理的捆绑打包，形成合理搭配、吸引力较强的PPP项目包。

如通过当地财政部门（政府和社会资本合作中心）组织的评估筛选且纳入当地年度建设计划的生活垃圾或污水处理基础设施PPP项目，生活垃圾或污水处理行政主管部门还应按照当地财政部门（政府和社会资本合作中心）要求，提交可行性研究报告、项目产出说明、初步实施方案等相关资料。按照《广东省PPP项目库审核规程（试行）》，积极申请将项目纳入国家、省级 PPP 项目库，争取有关财政支持。

2.2 打包方式

1. 分区域打包

生活垃圾或污水处理基础设施 PPP 项目以县（市、区）域为单位，分片区或分流域对项目进行捆绑打包，这有助于明确责任主体，落实工作分工，加强统筹协调，提高工作效率。

2. 多项目打包

生活垃圾或污水处理基础设施 PPP 项目要综合考虑项目的基本情况，对多项目进行优劣搭配，这有助于项目包产生规模效益，增强市场吸引力，降低招商和运营成本，提高监管质量和效率。

3. 一体化打包

生活污水处理基础设施 PPP 项目要将污水处理厂与其配套管网进行一体化捆绑打包招商。生活垃圾处理基础设施 PPP 项目可将清扫保洁、垃圾收运和处理进行一体化捆绑打包运作，实现投资建设和运营一体化。

4. 适规模打包

生活垃圾或污水处理基础设施 PPP 项目打包要做到规模适中，避免因规模过大，对社会资本要求较高，可能会增加项目风险；避免因规模过小，缺乏项目规模效应，可能降低项目的市场吸引力。

2.3 物有所值评价

生活垃圾或污水处理行政主管部门应配合当地财政部门（政府和社会资本合作中心），按照《关于印发〈PPP 物有所值评价指引（试行））的通知》（财金〔2015〕167号），对生活垃圾或污水处理基础设施PPP项目进行物有所值评价，具体流程图详见附件4。

物有所值评价包括定性评价和定量评价。现阶段以定性评价为主，各地因地制宜开展定量评价，可以委托第三方专业机构协助完成物有所值评价工作。

定性评价指标主要包括：全生命周期整合程度、风险识别与分配、绩效导向与鼓励创新、潜在竞争程度、政府机构能力、可融资性等六项基本评价指标。另可根据具体情况设置补充指标，主要包括：项目规模大小、预期使用寿命长短、主要固定资产种类、全生命周期成本测算准确性、运营收入增长潜力、行业示范性等。

定量评价是在假定采用PPP模式与政府传统投资方式产出绩效相同的前提下，通过对PPP项目全生命周期内政府方净成本的现值（PPP值）与公共部门比较值（PSC值）进行比较，判断PPP模式能否降低项目全生命周期成本。PPP值小于或等于PSC值的，认定为通过定量评价；PPP值大于PSC值的，认定为未通过定量评价。

物有所值评价结论分为"通过"和"未通过"。

2.4　财政承受能力论证与入库

生活垃圾或污水处理行政主管部门应配合当地财政部门按照财政部《关于印发〈政府和社会资本合作项目财政承受能力论证指引〉的通知》（财金〔2015〕21号），综合考虑项目全生命周期内的财政支出、政府债务等因素，对已通过物有所值评价的生活垃圾或污水处理基础设施PPP项目开展财政承受能力论证，具体流程图详见附件 5。

财政承受能力论证主要包括责任识别、支出测算、能力评估、信息披露等主要步骤，可以委托第三方专业机构协助开展。由当地财政部门控制每一年度全部 PPP 项目需要从预算中安排的支出责任。

财政承受能力论证的结论分为"通过论证"和"未通过论证"。

项目在财政承受能力论证获得通过，当地财政在项目全生命周期内有能力支付政府付费额度，在获得财政部门的回复意见后，项目可以入省财政库，项目入库获得批准的，项目方可进入实质性的采购。

第 3 章　项目准备

3.1　组织领导

　　粤东西北地区各县（市、区）及惠州、江门、肇庆县域的人民政府组织成立由发改、财政、国土、环保、水务、规划、住建、生活垃圾或污水处理等有关行政主管部门参与的新一轮生活垃圾和污水处理基础设施 PPP 项目协调领导小组，建立 PPP 项目联评联审机制，主要负责 PPP 项目评审、组织协调、检查督导等工作，简化审批流程，提高工作效率。

3.2　责任分工

　　生活垃圾或污水处理行政主管部门作为项目实施机构，主要负责项目准备、采购、监管、移交等工作。

　　发改部门主要负责项目的审批立项、核准（备案）等工作。

　　财政部门主要负责项目物有所值评价、财政承受能力论证，对项目活动进行监督和检查，以及对涉及财政资金安排的审核、预算和支付管理工作。

　　国土部门主要负责项目用地审批及其有关职能范围内的监督管理工作。

　　环保部门主要负责项目环评审批及其有关职能范围内监督管理工作。

　　规划部门主要负责项目选址审批及其有关职能范围内监管

工作。

其他有关部门按职能分工参与粤东西北地区新一轮生活垃圾和污水处理基础设施 PPP 项目建设。

3.3　咨询服务

生活垃圾和污水处理基础设施 PPP 项目涉及技术、法律、财务等方面专业知识，可聘请专业咨询服务机构根据项目全生命周期管理要求，为生活垃圾或污水处理基础设施 PPP 项目编制实施方案等提供专业化的技术咨询和服务，对项目的交易机构、融资结构、风险分担、投资回报、合同等进行科学、合理、合法地设计，促进 PPP 项目的运作程序规范合法，降低政府责任风险，降低招商和运营成本，提高公共服务质量和水平。

咨询机构可提供的服务内容主要包括：负责或协助完成生活垃圾和污水处理基础设施 PPP 项目的总体策划、流程控制、捆绑方案、现状摸查、项目需求、绩效机制，各环节文件（立项可研报告、初步实施方案、物有所值评估、财政承受能力论证、实施方案、项目合同等）、政府采购、绩效考核、中期评估及相关技术、财务和法律咨询等。

3.4　实施方案

生活垃圾或污水处理基础设施 PPP 项目实施方案是科学规划和引导 PPP 项目的灵魂和核心。生活垃圾或污水处理行政主管部门作为项目实施机构应组织编制生活垃圾或污水处理基础设施 PPP 项目实施方案，在综合 PPP 项目协调领导小组有关成员部门对项目实施方案的书面审查意见后，进一步修改完善项目实施方案，并报本级人民政府或其授权部门审定项目实施方案。

生活垃圾或污水处理基础设施 PPP 项目实施方案主要包括：项目概况、风险分配基本框架、项目运行方式、交易结构、合同体系、监管框架、采购方式等内容。主要边界条件如下：合作期限、合作范围、项目用地、绩效考核、回报机制、退出机制、相关配套安排等内容。

3.5 运行方式

粤东西北地区新一轮生活垃圾和污水处理基础设施 PPP 项目大多数属于政府付费或可行性缺口补助类型，主要适合采用的运行方式包括：转让—运营—移交（TOT）、改建—运营—移交（ROT）、建设—运营—移交（BOT）、设计—建设—融资—运营（DBFO）等，具体运作方式详见附件 6。

生活垃圾或污水处理基础设施 PPP 项目主要运行方式对比见表 3-1。

生活垃圾或污水处理基础设施 PPP 项目
主要运行方式对比　　　　　　　　表 3-1

类型	内涵
转让—运营—移交 （Transfer-Operate-Transfer，TOT）	1. 政府将存量资产所有权有偿转让给社会资本，由其负责运营、维护和用户服务； 2. 合同期满后资产及其所有权等移交给政府
改建—运营—移交 （Rehabilitate-Operate-Transfer，ROT）	政府在 TOT 模式的基础上，增加提质增效改造或扩建内容
建设—运营—移交 （Build-Operate-Transfer，BOT）	1. 社会资本承担新建项目融资、建造、运营、维护和用户服务职责； 2. 合同期满后项目资产及相关权力移交给政府
设计—建设—融资—运营 （Design-Build-Financing-Operate，DBFO）	社会资本负责项目的设计、建造和融资、建设和运营管理，并在运营期获得回报

第4章　项目采购

4.1　采购代理

为提高生活垃圾或污水处理基础设施 PPP 项目政府采购的影响力、吸引力和公信力，建议生活垃圾或污水处理行政主管部门依法委托地级以上市政府集中采购代理机构，依照《中华人民共和国政府采购法》《中华人民共和国招标投标法》《政府和社会资本合作项目政府采购管理办法》等法律法规和规章制度，进行生活垃圾或污水处理基础设施 PPP 项目的政府采购，主要组织开展资格预审、采购文件编制、响应文件评审、谈判与合同签署等事项。

4.2　采购方式

生活垃圾或污水处理基础设施 PPP 项目采购方式包括：公开招标、邀请招标、竞争性谈判、竞争性磋商、单一来源等。鉴于粤东西北地区新一轮生活垃圾和污水处理基础设施 PPP 项目的特殊性，建议以竞争性磋商等采购方式为主。各种采购方式操作流程图详见附件 6，其主要适用范围如下：

1. 公开招标方式

主要适用于采购需求中核心边界条件和技术经济参数明确、完整、符合国家法律法规及政府采购政策，且采购过程中不作更改的项目。

2. 邀请招标方式

主要适用于所采购的内容具有特殊性，只能从有限范围的供应商处采购得来；采用公开招标方式的费用占政府采购项目总价值的比例过大的项目也适用于邀请招标。

3. 竞争性谈判方式

主要适用于招标后没有供应商投标或者没有合格标的或者重新招标未能成立的；技术复杂或者性质特殊，不能确定详细规格或者具体要求的；采用招标所需时间不能满足用户紧急需要的；不能事先计算出价格总额的。

4. 竞争性磋商方式

主要适用于技术复杂或者性质特殊，不能确定详细规格或者具体要求的；因专利、专有技术或者服务的时间、数量事先不能确定等原因不能事先计算出价格总额的。

5. 单一来源方式

主要适用于只能从唯一供应商处采购的；发生了不可预见的紧急情况不能从其他供应商处采购的；必须保证原有采购项目一致性或者服务配套的要求，需要继续从原供应商处添购，且添购资金总额不超过原合同采购金额 10% 的。

4.3 资格预审

生活垃圾或污水处理基础设施 PPP 项目政府集中采购代理机构应在省级以上人民政府财政部门指定的媒体上发布资格预审公告，邀请社会资本参与资格预审，验证项目能否获得社会资本响应和实现充分竞争，并将资格预审的评审报告提交生活垃圾或污水处理基础设施 PPP 项目所在地的财政部门（政府和社会资本合作中心）备案。提交资格预审申请文件的时间自公告发布之日起不得少于 15 个工作日。

生活垃圾或污水处理基础设施 PPP 项目采用竞争性磋商以

外的其他采购方式，有 3 家以上社会资本通过资格预审的，生活垃圾或污水处理行政主管部门可以继续开展采购文件准备工作；通过资格预审的社会资本不足 3 家的，生活垃圾或污水处理行政主管部门应调整资格预审公告内容后重新组织资格预审；项目经重新资格预审合格的社会资本仍不够 3 家的，可依法调整实施方案选择的采购方式。

采用竞争性磋商采购方式，在采购过程中符合要求的供应商（社会资本）只有 2 家的，竞争性磋商采购活动可以继续进行。采购过程中符合要求的供应商（社会资本）只有 1 家的，应当终止竞争性磋商采购活动，发布项目终止公告并说明原因，重新开展采购活动。

4.4　评审小组

评审小组由生活垃圾或污水处理行政主管部门代表和评审专家共 5 人以上单数组成，其中评审专家人数不得少于评审小组成员总数的 2/3。评审专家可以由生活垃圾或污水处理行政主管部门自行选定，但评审专家中应至少包含 1 名财务专家和 1 名法律专家。生活垃圾或污水处理行政主管部门代表不得以评审专家身份参加项目评审。

评审小组按照政府采购法律法规及所选择采购方式的有关规定和要求，对社会资本的响应文件进行评审。

4.5　确认谈判

生活垃圾或污水处理行政主管部门应成立专门的 PPP 项目采购结果确认谈判工作组，按照候选社会资本的排名，依次与候选社会资本就合同中可变的细节问题进行合同签署前的确认谈判，率先达成一致的即为中选者。确认谈判不得涉及合同中不可谈判的核心条款，不得与排序在前但已终止谈判的社会资本进行再次谈判。

确认谈判完成后，生活垃圾或污水处理行政主管部门应与中选社会资本签署确认谈判备忘录。

4.6 公示公告

生活垃圾或污水处理行政主管部门应将采购结果和根据采购文件、响应文件、补遗文件和确认谈判备忘录拟定的合同文本进行公示，合同文本应将中选社会资本响应文件中的重要承诺和技术文件等作为附件。合同文本中涉及国家机密、商业秘密的内容可以不公示。公示期不得少于 5 个工作日。

公示期满无异议的生活垃圾或污水处理基础设施 PPP 项目合同，经项目所在地的县（市、区）人民政府审核同意后签署，一般是县（市、区）人民政府委托当地生活垃圾或污水处理行政主管部门与中选社会资本签署。

需要为生活垃圾或污水处理基础设施 PPP 项目设立专门项目公司的，待项目公司成立后，由项目公司与生活垃圾或污水处理行政主管部门签署正式 PPP 项目合同或签署关于承继项目合同的补充合同。

生活垃圾或污水处理行政主管部门应在项目合同签订之日起 2 个工作日内，将项目合同在省级以上人民政府财政部门指定的媒体上公告，但合同中涉及国家机密、商业秘密的内容除外。

项目的信息公开和存在争议依照有关政府采购法律法规制度执行。

第 5 章　项目执行

5.1　项目公司

　　社会资本可依法设立生活垃圾或污水处理基础设施 PPP 项目公司。政府可指定相关机构依法参股项目公司。生活垃圾或污水处理行政主管部门和财政部门（政府和社会资本合作中心）应监督社会资本按照采购文件和项目合同约定，按时足额出资设立项目公司。

5.2　项目融资

　　社会资本或项目公司负责生活垃圾或污水处理基础设施 PPP 项目融资，开展项目融资方案设计、机构接洽、合同签订和融资交割等工作。财政部门（政府和社会资本合作中心）和生活垃圾或污水处理行政主管部门应做好监督管理工作，防止企业债务向政府转移。

　　社会资本或项目公司未按照项目合同约定完成融资的，政府可提取履约保函直至终止项目合同；遇系统性金融风险或不可抗力的，政府、社会资本或项目公司可根据项目合同约定协商修订合同中相关融资条款。当项目出现重大经营或财务风险，威胁或侵害债权人利益时，债权人可依据与政府、社会资本或项目公司签订的直接介入协议或条款，要求社会资本或项目公司改善管理等。在直接介入协议或条款约定期限内，重大风险已解除的，债权人应停止介入。

各级政府及生活垃圾或污水处理行政主管部门，可与社会资本或项目公司积极争取国家及省专项建设基金、PSL 抵押补充贷款、广东环保基金（污水和垃圾处理设施基金）等政策性金融优惠政策支持，适时将有关优惠融资政策和措施在项目的资格预审公告、采购公告、采购文件、采购合同中列明，减轻融资成本，缓解财政压力。其中，广东环保基金是由省财政出资 20 亿元、广东省粤科金融集团有限公司受托管理的一个政策性基金，指定参股支持粤东西北地区新一轮生活垃圾和污水处理基础设施建设 PPP 项目，可为项目提供启动资金、注册资本等资金支持，实行部分让利。

5.3 预算管理

财政部门应结合中长期财政规划统筹考虑，将生活垃圾或污水处理基础设施 PPP 项目政府支出义务纳入同级政府预算，按照预算管理相关规定执行。

财政部门（政府和社会资本合作中心）和生活垃圾或污水处理行政主管部门应建立政府支付台账，严格控制政府财政风险。在政府综合财务报告制度建立后，政府支付义务应纳入政府综合财务报告。

5.4 建设监管

生活垃圾或污水处理基础设施 PPP 项目开始执行后，生活垃圾或污水处理行政主管部门可对项目的立项、设计、施工、竣工等进行监督，并可要求项目公司定期汇报，提交建设进度、质量、安全情况及有关材料，确保工程设计和建设符合合同规定。

若监督过程发现项目进度、质量或安全不符合合同要求，生活垃圾或污水处理行政主管部门可向项目公司提出警告或整改要求，项目公司应提出和实施挽回的措施和计划。

5.5 运营监管

生活垃圾或污水处理行政主管部门应与项目公司建立完善、独立、透明、可问责、专业化的 PPP 项目运营监管制度和动态绩效考核机制，特别是要将项目产出效率和群众意见纳入其中。根据项目合同约定，监督项目公司履行合同义务，可委托第三方机构驻场或定期监测项目产出绩效指标，编制月报、季报和年报，并报财政部门（政府和社会资本合作中心）备案。绩效考核结果作为服务费用支付、财政补贴等的主要依据。

项目公司运营对项目产生重大不利影响的或不能长期达到合同条款甚至毁约的，生活垃圾或污水处理行政主管部门应按照有关协议及时采取相应的应急措施甚至退出机制，尽可能地降低不利影响。

5.6 绩效支付

生活垃圾或污水处理行政主管部门应根据项目合同约定的产出说明，按照实际绩效直接或通知财政部门向社会资本或项目公司及时足额支付。设置超额收益分享机制的，社会资本或项目公司应根据项目合同约定向政府及时足额支付应享有的超额收益。

项目实际绩效优于约定标准的，生活垃圾或污水处理行政主管部门应执行项目合同约定的奖励条款，并可将其作为项目期满合同能否展期的依据；未达到约定标准的，生活垃圾或污水处理行政主管部门应执行项目合同约定的惩处条款或救济措施。

5.7 中期评估

生活垃圾或污水处理行政主管部门应每 3～5 年对项目进行中期评估，重点分析项目运行状况和项目合同的合规性、适应性和合理性；及时评估已发现问题的风险，制定补充协议或应对措施，并报财政部门（政府和社会资本合作中心）备案。

第6章 项目移交

6.1 移交准备

项目移交时，生活垃圾或污水处理行政主管部门或政府指定的其他机构代表政府收回生活垃圾或污水处理基础设施 PPP 项目合同约定的项目资产。

生活垃圾或污水处理行政主管部门或政府指定的其他机构应组建项目移交工作组，根据生活垃圾或污水处理基础设施 PPP 项目合同约定与社会资本或项目公司确认移交情形和补偿方式，制定资产评估和性能测试方案。

6.2 资产评估

项目移交工作组应委托具有相关资质的资产评估机构，按照项目合同约定的评估方式，对移交资产进行资产评估，作为确定补偿金额的依据。

6.3 性能测评

项目移交工作组应严格按照性能测试方案和移交标准对生活垃圾或污水处理基础设施 PPP 项目移交资产进行性能测试。性能测试结果不达标的，项目移交工作组应要求社会资本或项目公司进行恢复性修理、更新重置或提取移交维修保函。

6.4 办理手续

社会资本或项目公司应将满足性能测试要求的项目资产、知识产权和技术法律文件，连同资产清单移交生活垃圾或污水处理行政主管部门或政府指定的其他机构，办妥法律过户和管理权移交手续。社会资本或项目公司应配合做好项目运营平稳过渡相关工作。

项目移交完成后，财政部门（政府和社会资本合作中心）应组织有关部门对项目产出、成本效益、监管成效、可持续性、政府和社会资本合作模式应用等进行绩效评价，并按相关规定公开评价结果。

第7章 案例分析

7.1 知识城综合管廊及配套设施工程PPP项目

1.项目概况

本项目建设场址位于中新广州知识城，本次建设的综合管廊共4条，总长约11.56km，项目综合管廊建设过程中相关的道路7条，总长约20.37km、景观升级改造工程2个、桥梁工程1个。各子项目具体规模见表7-1～表7-4。

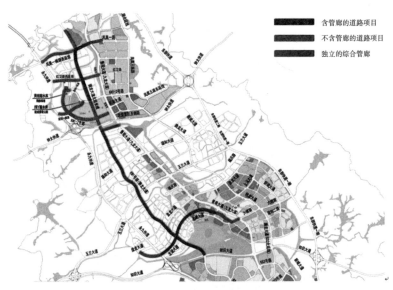

图7-1 知识城项目位置示意图

项目综合管廊规模 表 7-1

序号	工程名称	管廊断面尺寸（面积）	长度（m）
1	KM1 道路综合管廊	7.45m×4.9m（外框尺寸，双仓）	6150
2	龙湖大道综合管廊	7.45m×4.9m（外框尺寸，双仓）	2650
3	狮龙大道北延长线综合管廊	7.45m×4.9m（外框尺寸，双仓）	1760
4	凤凰一路西延线综合管廊	7.45m×4.9m（外框尺寸，双仓）	1000
	合计		11560

项目相关道路规模 表 7-2

序号	工程名称	道路全长	道路宽	车道数	设计时速
1	KM1 号路（钟太快速～知识大道）	5740m	50m	6	60km/h
2	龙湖大道（盘龙大道～景观大道）	4320m	50m	6	60km/h
3	狮龙大道北延长线（钟太快速～区界）	3400m	50m	6	60km/h
4	凤凰一路西延线（永九快速～景观大道）	1800m	50m	6	60km/h
5	红卫路西延线（永九快速～景观大道）	1610m	40m	4	40km/h
6	KN1-2 支路（KN1-2 号路～凤凰河）	2500m	30m	4	30km/h
7	规划一横路（永九快速～KN1-2 号路）	1000m	30m	4	30km/h
	合计	20370m			

项目景观升级改造工程规模 表 7-3

序号	工程名称	工程规模
1	挡丫窿水库及周边景观升级改造工程	对水库及其周边环境进行综合提升改造，打造为综合性的景观场所。景观场地内土方平衡量约为 33.1 万 m^3，绿化面积约 36705m^2
2	黄枝窿水库及周边景观升级改造工程	对水库及其周边环境进行综合提升改造，打造为综合性的景观场所。景观场地内土方平衡量约为 109.7 万 m^3，绿化面积约 114125m^2

项目相关桥梁工程规模 表 7-4

序号	工程名称	工程规模
1	百济神州地块 1 号桥梁工程	桥梁跨径为 1～13m，桥面宽度为 20m

本工程建设项目总投资 403468 万元；静态投资总额 380516.13 万元。

2. 运作模式

（1）实施机构

广州开发区管委会授权中新广州知识城财政投资建设项目管理中心（下简称"建管中心"）作为本项目的实施机构，由其依法开展 PPP 项目有关工作，进行社会投资人采购、合同签约和监管付费等权利义务。

（2）运作方式

本项目所涉及的各子项目均为新建项目，除综合管廊外，企业项目大部分为不具备经营性的市政基础设施，主要收入来源于政府付费，需要由项目公司承担项目的建设及运营维护任务，期满移交给政府，因此本项目建议采用建设—运营—移交（BOT）的运作方式实施，由项目公司对各子项目负责实施范围内各子项目的设计、建设及运营维护，到期后资产无偿移交给政府。

（3）项目公司股权结构

本项目属于市政公用领域的准经营性项目，考虑到管廊后续的经营及入廊的协调工作，同时考虑政府对项目的监督的需要，本项目由中标社会资本与政府方授权当地国有投资公司合资在广州开发区成立项目公司，负责项目的融资、建设和运营养护。其中社会资本方占股 85%，政府方占股 15%（其中广州穗开电业有限公司占 10%，广州知识城投资开发有限公司占 5%）。

3. 交易结构设计

（1）资本金

本项目总投资 403468 万元。按《国务院关于调整和完善固定资产投资项目资本金制度的通知》（国发〔2015〕51 号）的精神，本项目的资本金比例要求为项目投资总额的 20%。

（2）融资资金

资本金以外的 80% 项目建设投资主要由项目公司利用项目合同向金融机构借款或直接融资取得。

本方案财务测算按照目前长期贷款基准利率 4.9% 下浮 5%，即 4.655%，进行计算，社会资本的融资方案应按上述利率进行财务测算和竞价。

该项目交易结构如图 7-2 所示。

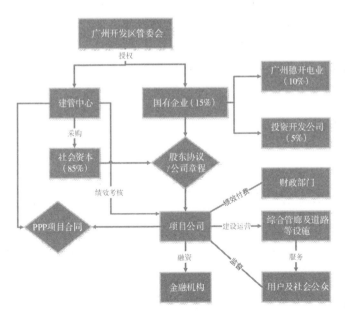

图7-2　项目交易结构图

4. 回报机制

本项目包括综合管廊及市政道路等两大类基础设施，回报模式可分为两大类，综合管廊属于使用者付费不足的市政基础设施，项目回报机制为"可行性缺口补助"，项目公司通过承担本项目中的管廊和道路等的投资、建设、运营、管理、移交职责并承担相应的风险，通过向管线单位收取入廊费和运营维护费及政府支付的可行性缺口补贴以获得合理投资运营回报。道路工程、景观工程等其他基础设施建设属于不具有使用者付费的项目，项目回报机制为"政府付费"。

5. 绩效考核

本项目采用"基于可用性的绩效合同"方式开展 PPP 运作。"基于可用性的绩效合同"应确保本项目能够按照要求的标准完成建造，并通过良好的运营维护服务满足综合管廊及道路等设施使用者的具体功能需求，如可靠性、通行能力、安全性、经济性等。

本项目的绩效考核体系包含两个方面，分别为建设期绩效考核指标和运营维护期绩效考核指标。

（1）建设期绩效考核

本项目可用性付费的支付前提为项目竣工验收通过，最终确定的可用性付费金额需根据 PPP 项目合同中对审计价的相关机制约定计算。

建设期的考核主要从项目工期进度、工程建设质量、工程施工安全等方面进行考核。当考核要求在未达成时，实施机构可根据 PPP 项目合同相关约定提取项目公司提交的建设期履约保函中的相应金额。

（2）运营维护期绩效考核

运营维护期考核指标分为三大方面（合计 100 分），实施机构可聘请第三方机构进行考核，主要考核内容包括如下：

1）综合管廊：考核管廊内部作业环境；照明、通风、控制系统等系统维护情况，廊体主体结构及功能维护情况等。

2）市政道路等工程：考核车道、人行道、路基、排水和其他设施（如桥梁、路灯、绿化等）的维护。

3）考核日常管理制度、安全管理和突发事件管理及相关应急预案和应急物资准备情况。

4）实施机构或其聘请的第三方机构对综合管廊的入廊管线单位、道路主要使用者及道路周边居民、企业进行公共调查，满意度需在 80% 以上得满分。

运营维护期内，实施机构通过绩效考核的方式对项目公司服务绩效水平进行考核，并将考核结果与运维绩效付费支付挂钩。

考核每季度进行一次，在项目公司向实施机构提交季度运维情况报告后 5 日内进行，并应在 7 日内完成。实施机构需提前 48h 通知项目公司开始考核的时间，项目公司在实施机构的监督下，在规定的考核现场对综合管廊、道路、桥梁、绿化、照明、给水排水等设施的状况进行物理检查。

考核的最小里程为 1km 路段，每季度需变换考核路段范围，年度累计考核里程需达到整个路段长度的 40%。

考核结果应与运营维护费的支付挂钩，对于运维服务未能达到绩效标准要求的，实施机构将根据考核打分结果减付运营维护费（考核得分低于 80 分开始扣费）；对于项目公司怠于或延误修复缺陷的，实施机构可根据 PPP 项目合同相关约定提取项目公司提交的运营维护保函中的相应金额。

实施机构可以随时自行考核项目公司的运维服务绩效，如发现缺陷，则需在 24h 内以书面形式通知项目公司。项目公司在接到实施机构的书面通知后，应在绩效考核要求的时间内修复缺陷。

无论何种情况，项目公司应及时修复缺陷，否则实施机构可根据 PPP 项目合同相关约定提取项目公司提交的运营维护保函中的相应金额。

6. 借鉴价值

（1）政府方入股项目公司，降低项目风险，提高吸引力，有利于相关工作顺利推进

本项目无外部收入来源，政府授权的国有企业入股项目公司，可以降低社会资本的资本金投入比例，为降低项目风险，增强吸引力。同时政府方企业在项目公司中承担征地、拆迁、青苗补偿及与其他管线单位协调等工作，可以提高工作效率，推进工作顺利进行。

（2）创新设定了投资节约共享分成机制，既提供社会资本方节约投资的动力，又有利于更好地实现物有所值

针对以往类似项目对投资限制较大、缺乏灵活调整机制的问题，本项目针对投资额变动，设计了灵活的调整机制。项目最终审定的投资额需要经过当地财政部门审定，若审定的投资额高于中标的投资额，则由社会资本自行承担；若最终审定的投资额低于中标投资额的 10% 以上，则由政府和社会资本按照 6∶4 的比例，共享节省的部分投资。通过这种机制可以大大降低政府方为工程造价兜底的商业风险，同时能够提高社会资本节约投资的动力。

7.2 郁南县整县生活污水处理捆绑 PPP 项目

1. 项目概况

（1）项目背景

中共广东省委十一届五次全会确立了"到 2018 年，广东将

率先全面建成小康社会"的宏伟目标,全面建成小康社会核心在于"全面",必须要补齐粤东西北地区民生社会事业发展、扶贫开发等短板。当前粤东西北地区由于经济基础相对薄弱,长期以来环境治理投入不足,加上粤东西北地区生态环境系统较为脆弱,环境污染问题突出。尤其在水环境领域,管网系统不完善,村镇污水横流等现象仍旧普遍,水生态受损严重,环境隐患多,水污染治理成为全面建成小康社会的突出短板。

2015 年 4 月 22 日,广东省一季度经济形势分析会上提出"启动新一轮环保基础设施建设",重点在粤东西北地区县一级确定和实施一批城乡垃圾收集和无害化处理设施、污水处理厂和配套管网等重点项目,做到"全面规划、全面覆盖、无一漏网"的目标任务。同年 12 月,以广东省住房和城乡建设厅牵头的 9 个省级部门联合发布了《加快推进粤东西北地区新一轮生活垃圾和污水处理基础设施建设实施方案》,指导各地市推进新一轮污水处理设施建设。本轮环保基础设施的建设内容的突出特点为:规模小、数量多、涉及面很广、投资规模大,并且要求在较短的时间内完成,给各地政府实施本方案提出了很高的要求,采用传统的投资建设模式已难以满足本轮环保基础设施的建设需求。因此,将项目捆绑打包,引入技术领先、管理先进、实力雄厚的社会资本参与全县污水设施的投资建设成为本轮环保基础设施建设成败的关键。

郁南县在 2015 年被住房和城乡建设部选为全国 100 个农村污水治理的示范县,在实施本轮污水处理设施建设进程中列入广东省 15 个示范县之一,在县委、县政府的高度重视下,各部门上下协调、充分论证,整县生活污水处理设施捆绑 PPP 项目得以快速推进,并在 2016 年 7 月初完成社会资本采购工作,郁南县成为广东省内首个采用整县污水捆绑打包 PPP 创新模式的县城。

郁南县整县生活污水处理捆绑 PPP 项目包括郁南县 15 个乡镇及农村地区生活污水处理设施建设，覆盖整县 1966.2km²，另包括 15 个中心村人居环境综合提升工程的建设内容。县城区和两个中心镇（连滩镇、南江口镇）新建污水收集管网，完善污水收集系统，12 个乡镇共新建 14 座镇级污水处理设施及配套管网，903 个农村生活污水处理设施点，拟总规模 1.95 万 m³/d，管网总长度 73.7km，总投资约 5.02 亿元。此外，已由政府投资建设完成的 112 个农村污水处理设施也将委托成交的社会资本负责运营管理。

（2）项目内容

1）全面覆盖、全面实施。本项目建设内容涵盖县城区、镇区及农村三部分污水处理设施及配套管网，真正意义上实现整县污水处理设施建设及运营管理的统一。

2）存量污水收集系统全面升级。针对县城区和两个中心镇已建污水处理厂配套管网建设相对滞后的情况，同步新建污水收集管网，完善污水收集管网系统，并委托项目公司专业化维护管理，提升污水处理存量项目减排效能。

3）打造特色美丽乡村示范点。整县 15 个乡镇分别筛选 1 个中心村实施人居环境综合提升工程，发掘农村特色，实现人居环境综合提升建设，打造示范村。

4）预留未来需求接口，实行动态管理。PPP 合同设置动态管理机制，用于解决未来社会发展的污水设施的投资、建设和管理问题；15 个乡镇卫生所污水治理、屠宰厂废水治理问题及其他农村需要解决的环境问题。

5）以提高公共服务供应质量为导向设计项目绩效。本项目创造性地设立了以负荷系数、进水 COD 浓度系数、COD 减排系数和绩效考核系数为主要评价系数为核心的绩效考核体系，针对县、镇、村污水处理的不同要求与特点，通过这 4 项系数的灵活组合并与付费相关联，将政府为老百姓提供污水处理服务的需求真正落实到项目的建设、运营管理当中，促使社会资本不断提高公共服务供给的效率与质量。

6）绩效考核体现情景要素及动态需求。项目绩效考核包含了污水治理效果情景要素和老百姓动态需求，重视污水治理的最终环境效果需求，并解决未来 30 年的需求变化，真正把整县污水处理满足人民对生活环境质量日益增长的需求放在首位。

7）合理设置建设进度，实现投资与效果的统一。PPP 合同设置合理的建设进度安排和项目效果补救机制，打破一般投资与效果分离的现状建设机制，确保污水处理项目公共服务的有效供应，实现真正的治理效果。

8）科学制定 PPP 合同，保障项目实施。项目 PPP 合同制定原则：①综合及前瞻需求。以政府需求为基础，群众需求为目标，考虑发展的需求制定需求。②全面严格绩效考核。严格和全面的考核机制是实现需求的前提。③需求绩效的可操作性。不可达到需求和不切合实际的考核手段将在项目执行中滋生不可解决的矛盾；④公平原则。合同的公平性是政府与社会资本合作顺利持久的保障和前提；⑤联动合力。以做事情的态度执行合同，合理细化分配政府、群众和社会资本的责任，解决局部和全面的矛盾；⑥以动态机制解决发展和需求提高的问题。

（3）项目产出

1）本项目的实施将促使全县生活污水基本得到有效收集处理，解决镇区污水收集以及 24 万人农村常住人口的生活污水处理难题。

2）县城区污水处理率达 85% 以上，乡镇一级污水处理设施全覆盖，80% 农村生活污水得到有效处理；

3）新建、扩建城镇污水处理设施的出水水质符合《城镇污水处理厂污染物排放标准》GB 18918—2002 一级 A 标准和广东省地方标准《水污染物排放限值》DB 44/26—2001 第二时段一级标准中的较严值；

4）新建及委托运营的农村污水处理设施出水水质符合《城镇污水处理厂污染物排放标准》GB 18918—2002 一级 B 标准。

5）城镇和农村污水处理设施采用现代化手段实现网络化互联网监控和管理，农村污水处理设施实现无人值守。

6）新建污水处理设施的镇区及农村旱季无污水外溢，消除污水横流现象。

（4）项目投资、实施

本项目总投资约 5.02 亿元，其中县城区、镇区和农村三部分污水处理项目总投资 47232.59 万元，15 个中心村人居环境综合提升投资 3000 万元。

本项目概况如图 7-3 ~ 图 7-6 所示。

图7-3 郁南县整县生活污水处理捆绑PPP项目合同签约现场

图7-4 镇区污水处理设施效果图

图7-5 农村污水处理设施效果图

图7-6 人居环境综合提升样板村效果图

1）实施主体

本项目由郁南县环境保护局负责统筹协调，组织开展政府采购，并承担该项目实施机构，与中标的社会资本（项目公司）

签署 PPP 项目协议。主体运作框架如图 7-7 所示

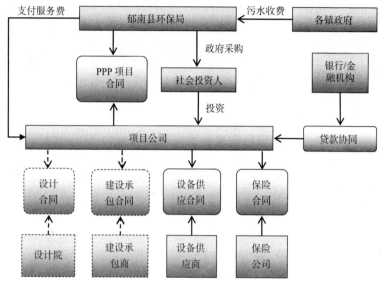

图7-7 主体运作框架

注：虚线及虚框表示可能存在的合同关系。

2）运行方式

本项目采用设计—建设—融资—经营（DBFO）模式，由社会资本完成项目的立项、勘察设计、施工建设、运营及移交等工作。已建项目采用 TOT 委托社会资本运营管理。

3）主要边界

①特许经营期限：30 年（含建设期）。

②特许经营范围：本项目主要收集处理全县 15 个镇、903 个村的生活污水和 15 个中心村人居环境综合提升工程。

③土地使用权。各污水处理厂建设用地经政府以零租金租赁形式提供给项目公司使用，但项目公司需自行承担与项目土

地使用、房产等有关的各项税费。

④处理水量和进水水质。本项目各子项目不设保底水量，但需确保管网的污水质量，使得工程的减排效能满足国家、省市环保部门的考核要求。

⑤项目绩效评价。项目实施主管部门协调各镇政府的相关部门，建立综合性的服务评价体系，聘请第三方机构，对项目进行绩效评价，并以此作为污水处理服务费计算依据。

⑥履约保障边界。项目将设立投标保函、运营维护保函和移交保函等保障体系，以及保障项目按期建设、按时投入运营，维护相关权益。

2. 项目特点及经验借鉴

（1）"四捆绑"模式统一经济与环境效益

本项目创造性采用了"多项目捆绑""城乡捆绑""厂网捆绑"和"建设与运营捆绑"的"四捆绑"模式，"多项目捆绑"实现规模效应，"城乡捆绑"实现城乡一体化的整合效应，"厂网捆绑"实现污水收集和处理效果的责任合并，"建设与运营捆绑"实现项目全生命周期的统一。

（2）充分利用政策性低息贷款，降低政府可行性缺口补助

郁南县政府扎实进行项目的前期准备工作，积极争取政策性银行的资金支持。在项目实施过程中，中国农业发展银行将向本项目提供不超过项目总投资 20%，利率为 1.2% 的资金作为项目资本金，目前郁南县政府已获得首批 3000 万元的资金支持，同时后续项目公司还能获得利率为 4.145% 的 PSL 资金的融资支持。充分利用政策性低息贷款，极大地降低了项目的融资成本，减轻了政府对于本项目可行性缺口补助的财政支出。

（3）以提高公共服务供应质量为导向设计项目绩效，以绩

效付费为抓手促进项目实现物有所值

通过充分分析项目特点，建立了县、镇、村三级绩效考核体系，具体考核各子项的污水收集量、污水收集效果、处理效果和运营养护效果是否达到政府的切实需求，是否满足广东省提前实现小康社会的目标要求，并制定动态考核机制，充分考虑污水治理效果情景要素和老百姓对生活环境日益提升的要求。最后通过绩效付费为核心抓手，促进项目实现环境效益，提升整县居民的生活环境质量，体现出物有所值的核心内涵。

（4）规范运作和充分实现项目价值最大化

郁南县整县生活污水处理捆绑 PPP 项目在广东省政府采购平台进行社会资本采购，整个运作过程规范有序，对潜在社会投资人产生了很大的吸引力，资格预审阶段吸引了 7 家国内大型水务集团参与报名，为实现项目的充分竞争打下良好基础。通过竞争性磋商的采购方式，逐步考查社会资本的技术水平及商务实力，综合最终报价以综合评分的方式为政府挑选出最优质的合作方。

（5）打造特色美丽乡村示范点

整县 15 个乡镇分别筛选 1 个中心村实施人居环境综合提升工程，发掘农村特色，实现人居环境综合提升建设，打造示范村。

（6）预留未来需求接口，实行动态管理

PPP 合同设置动态管理机制，用于解决未来由于社会发展带来的污水设施的投资、建设和管理问题。如 15 个乡镇卫生所污水治理、屠宰厂废水治理问题及其他农村需要解决的环境问题。

7.3 江门市区应急备用水源及供水设施工程 PPP 项目

1. 项目概况

江门市区应急备用水源及供水设施工程 PPP 项目作为广东省入选国家财政部第二批 4 个 PPP 示范项目之一，是广东省首个按财政部 PPP 操作指南完成采购工作的财政部 PPP 示范项目。

该项目内容包括江门市那咀水库取水泵房（取水规模 22 万 m^3/d）、那咀水库至西江水厂约 18km 的 $DN1400$ 管道、西江水厂取水泵房（取水规模 8 万 m^3/d）及配套 140m 的 $DN1000$ 管道等，总投资估算约为 2.75 亿元。

该项目建成后，将使江门蓬江区、高新区（江海区）具备 22 万 m^3/d 的应急供水能力，为蓬江区和高新区（江海区）提供可持续的应急备用水源，保证该区域 10d（应急时段）的居民基本生活应急供水，解决该区域在西江重大污染条件下城市应急供水能力不足的问题。

经过政府采购程序，江门市区应急备用水源及供水设施工程 PPP 项目由中国电建集团中南勘测设计研究院有限公司、中国水利水电第十三工程局有限公司（联合体）中标。其中中国电建集团中南勘测设计研究院有限公司系隶属中国电力建设集团的综合性大型国有企业，具有工程设计综合甲级和工程勘测综合甲级资质，是世界 500 强企业之一；中国水利水电第十三工程局有限公司隶属中国水利水电建设股份有限公司，是一家以水利水电建设和国际工程承包业务为主的国有大型特级建设施工企业。

承担本次 PPP 项目实施方案编制和评估任务的咨询机构为广东省建筑设计研究院（GDADRI），成立于 1952 年，是国内最早成立的大型综合建筑勘察设计单位之一。在新时期国家大力推动的公用设施 PPP 模式下，广东省建筑设计研究院已开展了大量污水处理设施整县打包、供水、垃圾处理、垃圾收运、垃圾整县打包、道路、地下管廊、黑臭水体、园区片区开发等项目政府与社会资本合作的政府咨询工作，咨询工作包括项目立项、可研、物有所值评价、财政能力论证、实施方案、采购、项目合同及项目完结过程的咨询等全过程服务；另外还编制了《广东省市政公用事业特许经营权管理办法》、《粤东西北地区新一轮生活垃圾和污水处理基础设施 PPP 模式建设操作指引》，熟悉 PPP 全流程操作及相关行业法规政策，是全国优秀的市政公用行业 PPP 咨询服务机构之一。

（1）实施主体

本项目由江门市人民政府授权江门市水务局作为项目实施机构，负责统筹协调，组织开展政府采购，并承担该项目实施机构，与中标的社会资本（项目公司）签署 PPP 项目协议。

（2）运行方式

本项目采用建设—运营—移交（BOT）模式，由社会资本完成项目的施工建设、运营及移交等工作，以降低项目全生命周期成本，提高运营效率。该项目运作框架如图 7-8 所示。

（3）主要边界

1）特许经营期限：11 年（含建设期 2 年）。

2）土地使用权。本项目建设用地由政府以零租金租赁形式提供给项目公司使用，但项目公司需自行承担与项目土地使用、房产等有关的各项税费。无江门市水务局事先书面同意，项目公司不得将项目土地和/或使用土地的权利用于项目之外的其他任何目的。除非经江门市水务局事先批准，项目公司不得将项目使用土地的权利用于抵押或其他担保权益。

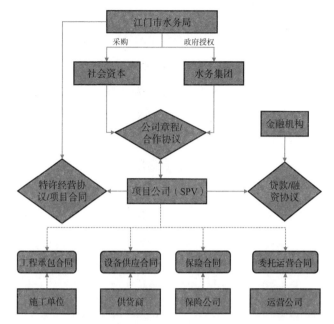

图7-8　江门市区应急备用水源及供水设施工程PPP项目运作框架

注：虚线及虚框表示可能存在的合同关系。

3）项目总投资的调整及确定。项目建设总投资为项目公司为本工程建设而筹集、投入并经江门市水务局确认的全部费用，包括项目前期费用、项目建设费用、设备及安装费用、工程其他费用等。响应人最终成交的建设项目总投资将作为本项目暂定的项目建设总投资（以下称"暂定的项目建设总投资"）。项目建设总投资最终数额应经江门市财政局或江门市水务局聘请的第三方机构审定（以下称"审定的项目建设总投资"）。

如果审定的项目建设总投资少于暂定的项目建设总投资的10%以内，最终确定的项目建设总投资应以暂定的项目建设总投资为准。

审定的项目建设总投资少于暂定的项目建设总投资的10%

以上的部分，政府方与项目公司按比例分享节省的投资费用。

如果审定的项目建设总投资超过暂定的项目建设总投资，最终确定的项目建设总投资应为暂定的项目建设总投资。但由于政府方原因导致的变更使得最终确定的项目建设总投资超出暂定的项目建设总投资 5% 以上的部分，政府应予以补偿。

2. 项目特点及经验借鉴

（1）由咨询机构提供 PPP 项目全流程一站式咨询服务

PPP 项目操作流程长，环节多，涉及内容较复杂，项目业主创新性地聘请咨询顾问机构提供全流程的咨询服务工作。实施过程中，充分发挥咨询顾问的人力资源、专业技术和经验优势，完成项目的可研报告、产出说明、物有所值评价、财政承受能力论证、市场测试、PPP 项目实施方案等 PPP 项目要求的程序文件，同时担任项目采购代理，完成了磋商文件编制、谈判等一系列工作，实现了 PPP 项目全流程一站式的咨询服务方式，不但极大减轻政府工作量，也使项目的执行具有更好的连续性，为实现项目绩效提供良好的保障。

（2）创新付费机制，降低政府支付风险

本项目为应急供水项目，输水量和输水时间具备不确定性，难以像传统的项目一样确定输水量。为降低政府由于对输水量的承诺而带来的支付风险，本项目输水服务费按实际发生计算，并与供水设施的运维服务费分开支付，输水服务费仅包括电费、水资源及税费等，运维服务费包括设施维护耗材费、电费及负荷费、人工费、管理费、化验费、税费等。

（3）政府方入股项目公司，降低项目风险，提高吸引力，有利于相关工作顺利推进

本项目无外部收入来源，政府授权的国有企业入股项目公

司，可以降低社会资本的资本金投入比例，降低项目风险，增强吸引力。同时政府方企业在项目公司中承担征地、拆迁、青苗补偿及与其他管线单位协调等工作，可以提高工作效率，推进工作顺利进行。

（4）创新设定了投资节约共享分成机制，既提高社会资本方节约投资的动力，又有利于更好地实现物有所值

针对以往类似项目对投资限制较大，缺乏灵活调整机制的问题，本项目针对投资额变动，设计了灵活的调整机制。项目最终审定的投资额需要经过当地财政部门审定，若审定的投资额高于中标的投资额，则由社会资本自行承担；若最终审定的投资额低于中标投资额的10%以上，则由政府和社会资本按照6:4的比例，共享节省的部分投资。通过这种机制可以大大降低政府方为工程造价兜底的商业风险，同时能够提高社会资本节约投资的动力。

（5）鉴于项目的公共安全定位，采购阶段即要求社会资本与项目服务的供水企业建立合作机制

本应急备用水源工程最终服务的是江门市融浩水业有限公司所属的西江水厂，且部分取水设施位于西江水厂原水泵房内，为提高应急期间输水效率和简化日常的协调工作，在采购阶段即要求社会资本与供水企业进行洽谈，提出后续双方的合作机制。这种操作方式，使社会资本在采购文件编制过程中，就能够充分考虑与供水企业合作带来的各种利弊，从而体现到最终项目服务费的报价中。

（6）注重绩效考核，并与服务费支付挂钩，确保服务质量

应急备用水源设施启动具有不确定性，为确保在应急时能够随时启动相关设施，项目公司需要做好日常的维护保养工作。因此根据项目特点，对供水设施的运行维护考核做了详细的标准，

且当考核得分低于 90 分时，开始扣减服务费，低于 75 分时，政府有权利停止支付并接管项目。该项目概况如图 7-9 ~ 图 7-11 所示。

图7-9 江门应急备用水源及供水设施工程PPP项目签约仪式

图7-10 *DN*1400管道施工现场　　图7-11 排泥井、排泥阀井施工现场

7.4 开平市迳头污水处理厂二期工程 PPP 项目

1. 项目概况

开平市迳头污水处理厂二期工程 PPP 项目是开平首个 PPP 项目，也是江门地区首个污水处理 PPP 项目，项目在响应国家政策的前提下，具有高度的创新性、前瞻性、科学性和可行性（图 7-12）。

开平市迳头污水处理厂二期工程内容为在迳头污水处理厂一期工程的基础上进行扩建，建设规模为 2.5 万 m³/d，投资估算约 6500 万元。

经过政府采购程序，迳头污水处理厂二期工程 PPP 项目最终由开平粤海水务有限公司中标，项目中标总投资为 6086 万元，污水处理单价 1.1 元 /m³，下浮 7.5%。

图7-12 开平市迳头污水处理厂二期工程PPP项目签约仪式现场

（1）运行方式

本项目采用建设—经营—转让（BOT）模式，由社会资本承担新建项目融资、建设、运营、维护等职责，待合同期满后项目资产及相关权力移交给政府。

（2）主要边界

1）特许经营期限：30 年（含建设期 1 年）。

2）特许经营范围：开平市迳头污水处理厂二期工程（2.5 万 m³/d）所涉及的相关构筑物和设备设施的建设运营维护。

3）保底水量：在特许经营期内，自商业运营日起的前 3 年提供不低于设计规模 70% 的水量，第四年到运营期结束不低于设计水量的最低污水供应量。

4）一、二期共用公用设施。由于一期公用设施设计有盈余，二期仅需配套增加相关设备。二期工程涉及与一期共用构筑物的使用，需由社会资本方与一期 BOT 运营单位协商解决，本项目投资不作考虑。

2. 项目特点及经验借鉴

（1）聘请咨询机构对项目实施全流程提供一站式服务

PPP 项目操作流程长、环节多、涉及内容较复杂，项目业主聘请咨询顾问机构提供全流程的咨询服务工作，充分发挥咨询顾问的人力资源、专业技术和经验优势，完成 PPP 项目实施方案、PPP 项目合同等 PPP 项目重要文件，同时担任项目采购代理，完成项目招标等一系列工作，实现了 PPP 项目全流程一站式的咨询服务方式，不但极大减轻政府工作量，也使项目的执行具有更好的连续性，为实现项目绩效提供良好的保障。

（2）合理设置合同机制，科学处理新项目的实施与原 BOT 项目的关系

项目在开平市迳头污水处理厂一期基础上实施建设，一期污水处理厂已采用 BOT 模式实施，项目合理设置合同机制，明确双方在共用构筑物和设备等的权利与责任，科学处理新项目的实施与原 BOT 项目的关系，避免后续双方的纠纷，为其他同类改扩建 PPP 项目提供重要的借鉴意义。

7.5 揭阳 9 座污水处理厂 PPP 项目

1. 项目概况

为加强城市环保基础设施建设，促进地方民生社会事业发

展，解决区域水环境污染问题，揭阳市人民政府授权揭阳市住房和城乡建设局牵头负责揭阳市9座污水处理厂PPP项目捆绑打包统一采购社会资本，并授权普宁市人民政府、揭东区人民政府、蓝城区及空港区管委会或其指定机构作为实施主体，与项目公司签署特许经营协议，并负责后期项目执行的监管工作。

揭阳市9座污水处理厂是粤东西北地区市一级确定和实施一批城乡垃圾收集和无害化处理设施、污水处理厂和配套管网等重点项目之一，是广东省能否率先全面建成小康社会的关键所在，是治理揭阳市水环境污染的重要举措。

该项目包括揭阳市揭东区、蓝城区、空港经济区及普宁市9座污水处理厂及其配套管网，拟建总规模13.5万 m^3/d，管网总长度151.92km，总投资11.65亿元。

揭阳市住房和城乡建设局通过竞争性磋商方式选择北控水务（中国）投资有限公司作为该项目投资人，由其设立四家项目公司，注册地分别位于普宁市、揭东区、空港经济区及蓝城区，四家项目公司分别与普宁市人民政府、揭东区人民政府、蓝城区及空港区管理委员会签署特许经营协议，并分别负责项目的融资、建设、运营和维护，在特许经营期限内提供污水处理服务，获取污水处理服务费，并在特许经营期届满后将项目设施无偿完好移交给揭阳市人民政府或其指定机构。

中标的北控水务（中国）投资有限公司是国内水务行业的领先企业，污水处理技术水平高、综合实力强、管理经验丰富，对项目建设质量、运营绩效、回报机制、调价机制等一系列实行规范化要求，有利于充分发挥市场主体的技术和管理优势，实现政府与市场的优势互补和双赢。

该项目概况如图7-13～图7-17所示。

图7-13 揭阳市9座污水处理厂PPP项目签约仪式现场

图7-14 揭东新区污水处理厂效果图

图7-15 玉滘污水厂效果图

图7-16 新亨污水厂效果图

图7-17 空港经济区污水厂效果图

该项目由广东省建筑设计研究院、中国投资咨询有限责任公司提供技术、财务、法律及商务方面的咨询服务。中国投资咨询有限责任公司是我国一家为投融资活动提供全方位、一体化咨询和资产管理服务的国有大型投资咨询公司。中国投资咨询有限责任公司聚焦于基础设施、公用事业、新兴产业等领域，围绕国资国企改革、PPP融资、城镇化、政府投融资平台等主题，为政府机构、国有企业、大型企业集团、上市公司等客户提供PPP项目、国资国企改革、政府投融资平台公司转型、战略规划、财务顾问、管理咨询等咨询服务。

（1）实施主体

揭阳市人民政府授权揭阳市住房和城乡建设局牵头负责该PPP项目的捆绑采购，统筹做好采购事宜。普宁市人民政府、

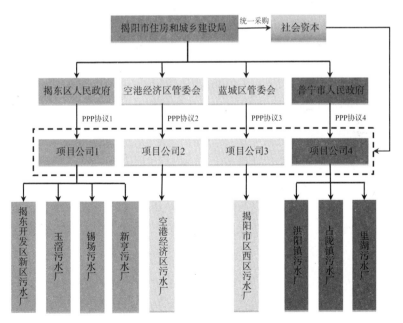

图7-18 主体运作框架

揭东区人民政府、蓝城区及空港区管委会或其指定机构作为项目实施主体，与项目公司签署 PPP 协议。

（2）运行方式

综合考虑本项目融资需求明确、有明确的绩效考核标准，因此可统筹项目的前期工作阶段与后期建设运营阶段，由社会资本完成项目的立项、勘察设计、施工建设、运营及移交等工作，充分发挥社会资本技术先进和运营经验丰富等优势，促进绩效管理，实现项目全周期成本控制。故揭阳市 9 座污水处理厂采用设计—建设—融资—经营—移交（DBFOT）模式。

（3）主要边界

1）特许经营期限：30 年（含建设期 1 年）。

2）土地使用权利。各污水处理厂建设用地经以零租金租赁形式提供给项目公司使用，但项目公司需自行承担与项目土地使用、房产等有关的各项税费。

3）前期工作衔接与费用承担。政府方已完成或正在进行项目部分前期工作，项目公司需全盘接手并承担相应费用，包括第三方顾问机构咨询费用。

4）政府与社会资本的工作分工。揭东区、普宁市人民政府及空港经济区、蓝城区管委会与社会资本分工合理明确，高效配合。

5）支付方式。污水处理服务费依据月平均进水水量与浓度等进行计算，不设保底水量，采用"一厂一价、按日计量、按月支付、按月考核"的方式。

2. 项目特点及经验借鉴

（1）该项目是我国第一个不设保底水量、按环境绩效付费的完全 PPP 要义污水项目，破解污水处理厂进水浓度低的难题。

项目建立了环境绩效付费机制，不设保底水量，根据污水处理厂月平均进水COD浓度，确定进水浓度系数，对各厂进水浓度进行考核，并以此作为污水处理服务费计算依据。污水处理服务费采用"按日计量、按月支付、按月考核"的方式。这种方式颠覆了传统污水处理厂招商中政府为投资人提供保底水量的模式，政府只对污水处理设施所发挥的减排效果进行付费，更有利于发挥投标人技术优势，促使投标人积极进行污水配套收集管网优化设计和运营管理维护。

除此之外，该项目还建立动态绩效评价机制，保证运营质量。项目建立综合性的动态服务评价体系，聘请第三方机构，根据项目运营期的具体情况调整评价指标，对项目进行绩效评价，并以此作为污水处理服务费计算依据。通过对项目长期性的动态绩效评价制度，保证项目在运营期间保持高水平的运营质量，促使投资人不断优化管理和技术水平。

（2）创新采用DBFOT运作模式，充分发挥社会资本优势。

传统BOT建设模式中，普遍存在"政府出设计、企业搞建设"的矛盾和"管网不同步"的问题，企业人不参与项目的规划设计，仅根据政府的要求建设污水处理厂，由于厂网不同步，污水厂进水量不足、进水浓度偏低的风险需由政府承担，导致污水处理设施环境效益低下。

为此，项目创新运作模式，采用设计—建设—融资—经营—移交（DBFOT）模式，政府方仅对项目的建设标准、出水水质、进水水质和投资规模进行限制，在项目前期工作阶段就引入社会资本，由其完成项目的可行性研究、勘查设计、施工建设、运营及移交等工作，充分发挥社会资本技术先进和运营经验丰富等优势，实现对项目全周期成本控制。项目赋予企业更多的灵活性，统筹安排资金与工程规划，切实做到配套管网与污水处理厂同步设计、同步建设、同步投运，有效解决目前厂网分离问题，确保污水处理设施充分发挥治污能效。

（3）9座小规模污水厂捆绑打包，发挥规模效应，增加项目吸引力。

项目包含的9座污水处理厂，平均规模为1.5万 m³/d，最小规模仅为0.5万 m³/d，规模小、效益低、位置分散、抗风险能力差，缺乏吸引力。对此，项目将9个污水处理厂及其配套污水收集管网捆绑打包，实行统一采购，充分发挥了规模效应，大大提高了项目对社会资本的吸引力，在项目资格预审阶段共吸引包括北控、首创、桑德、碧水源等14家国内、外知名的污水处理投资运营商报名参加。

（4）该项目是我国第一个采用多阶段竞争性磋商程序采购的 PPP 污水处理项目。

该项目创新地采用三个阶段的磋商程序，吸收投标人的技术和管理经验，逐步形成政府和投资人的共识，以达到互利共赢的目的。第一阶段邀请所有通过资格预审的供应商进行设计方案磋商，获取优质技术方案，明确项目的技术要求；第二阶段通过进行商务方案的磋商，明确项目的商务条件和服务要求；第三阶段通过综合评审的方式，平衡技术方案和商务报价，选择合适的社会资本，保证项目建设方案的优质、经济和可实施性。

（5）由市统筹各县（市、区）将捆绑项目统一采购，实施机构与采购主体相分离，提高工作效率。

本项目创新性地将项目实施机构与采购主体相分离，增强各相关机构的协调力度。项目的实施机构为揭东区、蓝城区、空港区和普宁市政府，而项目的采购主体则是揭阳市住房和城乡建设局。由项目采购主体统筹负责采购工作，协调区政府、区主管部门、咨询机构及采购代理机构配合工作。这一架构强化了项目工作的协调力度，提高了沟通效率，同时增加了政府方信用水平，提升社会资本的投资信心。

（6）对落选投标人进行经济补偿，保障技术方案质量。

鉴于本项目技术方案研制成本较高，对于通过设计方案及商务方案磋商，并参与第三阶段最终报价的供应商，采购人将对其设计方案费用给予补偿，以此提高投资人对项目的积极性，鼓励投资人投入更多人力物力进行技术方案的编制，确保项目获得优质的技术方案。

项目咨询单位通过捆绑打包、创新运作模式、建立了环境绩效付费机制等创新性措施，解决了传统模式所面临的问题，使得政府付费能够充分实现环境效益，为粤东西北新一轮污水处理设施的建设乃至全国污水处理设施的建设提供了一个全新的模式。本项目在广东省以示范案例的形式得到广泛宣传，受到了政府、运营商与产业资本的一致认可。

7.6 揭阳市绿源垃圾综合处理与资源利用厂 PPP 项目

1. 项目概况

按照广东省人民政府办公厅《关于进一步加强我省城乡生活垃圾处理工作的实施意见》的要求，各市须加强垃圾的资源化利用，全面推广焚烧发电、生物处理等生活垃圾资源化利用方式。目前揭阳市垃圾处理以卫生填埋为主，为了实现环境保护的要求，创造良好的人居环境，促进城市可持续发展，需要进一步加强垃圾无害化和资源化能力。

近年来随着揭阳市城市发展和居民生活水平的提高，城市生活垃圾热值逐渐升高，可回收利用的资源化潜力突出，具备发展生活垃圾资源化产业条件。另一方面，东径外草地生活垃圾卫生垃圾填埋场是揭阳市中心城区唯一的垃圾处理处置场，2016 年底一区库容将填满，必须尽快启动垃圾处理设施，为城区生活垃圾处理提供出路，因此，揭阳市绿源垃圾综合处理与资源利用厂 PPP 项目建设是必要和迫切的。

该项目服务范围为揭阳市中心城区，包括榕城区、揭东区、蓝城区、空港经济区等区域以及各区管辖的街道和镇居民生活垃圾，优先处理揭阳市区生活垃圾，有余力并经市人民政府批准方可接收外市垃圾或其他合适来源的垃圾。首期总处理规模1000t/d；中期增加 500t/d，总规模达 1500t/d；远期增加 500t/d，总规模达 2000t/d；首期总投资额约人民币 5 亿元，本次 PPP 项目针对首期建设 1000t/d 项目。

揭阳市人民政府授权揭阳市住房和城乡建设局作为实施主体，负责包括发展和改革局、住房和城乡建设局、国土资源局、城乡规划局、环境保护局、财政局、供电局和监察局在内的"项目工作领导小组"的日常工作和各部门的协调，组织召开"项目工作领导小组"会议及备忘会议纪要，组织项目采购，聘请咨询顾问，代表政府签订《特许经营权协议》以及《垃圾处理服务合同》等，并对投资人建设、经营以及协议执行的内容进行监管。

揭阳市住房和城乡建设局通过竞争性磋商方式选择欧晟绿色燃料（香港）有限公司作为该项目投资人，并由投资人在揭阳市成立项目公司。揭阳市住房和城乡建设局授予项目公司独家的在特许经营期限和特许经营区域范围内，融资、投资、设计、建设、运营、维护和移交揭阳市绿源垃圾综合处理与资源利用厂的权利。该项目概况如图7-19、图7-20所示。

该项目由广东省建筑设计研究院提供技术、财务及商务方面

图7-19　揭阳市绿源垃圾综合处理与资源利用厂PPP项目签约现场

图7-20　绿源垃圾综合处理与资源利用厂效果图

的咨询服务。

本项目的法律顾问北京市中咨律师事务所，于 1993 年在北京成立，是国内最早从事特许经营咨询的法律咨询机构。中咨在基础设施建设和项目融资领域具有国内领先地位，该领域的创始合伙人并顶级专家童新朝及其团队曾代理国内、国际一批重大的 PPP、BOT、TOT、BT、DBO 等特许经营项目和 EPC 项目。自 20 世纪 90 年代中为广西来宾 B 电厂 BOT 项目（由国家发改委组织试点的中国第一个基础设施 BOT 项目）提供法律服务开始，中咨律师就开始活跃在基础设施投融资的法律服务领域，积累了广泛的实践经验并取得了业界及客户的充分肯定。中咨律师曾参与了国内国际几十个基础设施项目的咨询工作，包括高速公路、轨道交通、桥梁、垃圾处理、火力发电厂、风力发电厂、供水厂、污水处理厂等各种基础设施项目。

（1）实施主体

揭阳市住房和城乡建设局作为项目实施机构，负责该 PPP 项目招商事宜，并与项目公司签署 PPP 项目合同（图 7-21）。

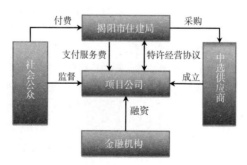

图7-21　主体运作框架

（2）运行方式

综合考虑本项目融资需求明确、有明确的绩效考核标准，因此需统一项目的前期工作阶段与后期建设运营阶段，由社会资本完成项目的立项、勘察设计、施工建设、运营及移交等工作，充分发挥社会资本技术先进和运营经验丰富等优势，促进绩效管理，实现项目全周期成本控制。故揭阳市绿源垃圾综合处理与资源利用厂 PPP 项目建设采用设计—建设—融资—经营—移交（DBFOT）模式。

（3）主要边界

1）特许经营期限：30 年（含建设期）。

2）项目服务范围。该项目服务范围为揭阳市中心城区，含榕城区、揭东区、蓝城区、空港经济区以及各区管辖的街道和镇区的居民生活垃圾，有余力并经揭阳市住房和城乡建设局批准方可接收外市生活垃圾，但应优先处理揭阳市区的生活垃圾。

3）土地的使用。该项目位于金属生态城范围内的西北部，总规划用地规模约 200 亩，在特许经营期限内，政府无偿提供本项目用地给项目公司占有和使用。项目公司自行承担与项目土地使用、房产等有关的各项税费。

4）前期工作衔接和费用承担。项目公司须向揭阳市人民政府支付第三方顾问机构咨询费用等前期费用。

5）政府和社会资本分工

投资人负责：

①综合处理厂红线内所有工程设施的设计、投资与建设；

②综合处理厂设施的设计、采购、建设、测试、运营和维护；

③建设厂区红线外 1m 范围的进厂道路；

④厂区内发电上网线路建设按有关规定执行；

⑤建设项目在立项阶段须进行建设项目用地预审，并由投资人负责完成；

⑥厂内雨、尾水至环评批复要求的排放口之间的排水管道；

⑦建设期临时用电、运行期供电和输电建设方案由投资人与供电局协商解决；

⑧建设期用水由投资人与供水单位协调解决；

⑨飞灰在厂区内进行稳定化处理；

⑩垃圾渗沥液处理设施的建设；

⑪监测设施的建设（按《生活垃圾焚烧污染控制标准》GB 18485—2014）；

⑫负责清洗出厂区垃圾车辆轮胎泥土，同时保持厂区内干净整洁；

⑬成交人须对飞灰、炉渣和分选残余物进行综合利用，如项目用地不具备综合利用的市场条件，报经住房和城乡建设局、环保部门批准后，残余废物可进入填埋场进行妥善处理。

政府负责：

①在特许经营期内，协助项目公司办理有关政府部门要求的各种与本项目有关的批准和保持批准有效；

②提供符合PPP项目合同中规定的垃圾量；

③支付垃圾处理费；

④项目公司以政府划拨的方式取得项目土地使用权，政府提供用水、排水、供电、通信和厂外道路的相关接口，并负责用地红线外1m以外满足项目基本运行所需的供排水设施、供电设施、通信设施等市政配套设施的建设；

⑤协调投资人与供电局关于的供电方案落实，提供支持

文件；

⑥进厂道路属市政规划道路部分建设；

⑦对二期及远期项目用地的使用用途进行控制；

⑧协助项目公司根据国家法律、法规获得项目税收优惠；

⑨项目建设和运营期间，如出现群众阻挠事件影响项目建设或正常运营，政府协助项目公司及时有效地进行协调和化解，以使项目正常建设和运营。

6）支付方式。

垃圾处理服务费的确定和支付方式：项目公司主要收入来源为垃圾处理服务费、RDF焚烧发电售电收入、垃圾可回收物的销售收入、分选残余物和炉渣制造建筑材料的销售收入。

垃圾处理服务费采用"日计量、月付费、月考核"的方式，每日通过计量磅秤统计进厂垃圾量，按月核算当月垃圾处理量。揭阳市政府根据垃圾处理服务单价、进厂垃圾量和绩效考核结果，按计费公式计算并支付当月的垃圾处理服务费。

2. 项目特点及经验借鉴

（1）由咨询机构提供PPP项目全流程一站式咨询服务

PPP项目操作流程长，环节多，涉及内容较复杂，项目业主创新性地聘请咨询顾问机构提供全流程的咨询服务工作。实施过程中，充分发挥咨询顾问的人力资源、专业技术和经验优势，完成项目的可研报告、产出说明、物有所值评价、财政承受能力论证、市场测试、PPP项目实施方案等PPP项目要求的程序文件，同时担任项目采购代理，完成了磋商文件编制、谈判等一系列工作，实现了PPP项目全流程一站式的咨询服务方式，不但极大减轻政府工作量，也使项目的执行具有更好的连续性，为实现项目绩效提供良好的保障。

（2）注重绩效考核，保证运营效果

该项目建立了完善的绩效考核机制，每月对项目的管理、运行维护、废水（渣）处理、安全运行、厂容厂貌等进行绩效评价，考核结果与政府支付的垃圾处理服务费挂钩，促使投资人有意识地提高管理水平，保证项目运营效果。

（3）综合多种收益来源，提高供应商吸引力

该项目的收益来源主要由政府支付的垃圾处理服务费、RDF 焚烧发电售电收入、垃圾可回收物的销售收入、分选残余物和炉渣灰渣制造建筑材料的销售收入等多种收益方式相结合，收益方式抗风险能力强，大大增强了项目对供应商的吸引力。

（4）明确先进工艺要求，提高垃圾处理水平

该项目明确要求采用分选结合焚烧的垃圾处理方式，生活垃圾经过机械和生物的处理，最大限度地回收生活垃圾中的有用资源，并将剩余物转化成清洁的绿色燃料，通过焚烧发挥高效热利用率，满足揭阳全市对生活垃圾的减量化和资源化要求，也将揭阳市生活垃圾处理技术水平提升到国内领先、国际先进的水平。

7.7 佛山市高明苗村白石坳垃圾填埋场 BOT+TOT 项目

1. 项目概况

佛山市高明苗村白石坳垃圾填埋场 BOT+TOT 项目是国内第一个成功实施的生活垃圾填埋场 PPP 项目，同时也是国内首个采用 TOT+BOT 模式实施的垃圾处理项目。

该项目是 2003 年广东省十大重点项目之一，设计规模为

2000t/d，最高垃圾处理量达到 5000t/d，投资估算约 5.6 亿元。

2003 年底佛山市政府自筹资金开始建设高明苗村白石坳垃圾场，2004 年政府决定改用 BOT 方式建设经营，政府不再投资。2004 年项目实施机构佛山市公用事业管理局，聘请广东省建筑设计研究院、北京市中咨律师事务所及北京大地桥咨询公司组成的咨询团队，改用招商和竞争性谈判方式，选择了威立雅（香港）环境技术有限公司作为项目的社会资本，并由其设立外商独资项目公司。

项目中标社会资本威立雅（香港）环境技术有限公司是全球资源优化管理领域的专业企业，拥有超过 160 年的环境服务经验。威立雅于 20 世纪 90 年代进入中国废弃物管理市场。该公司旗下的数个项目，都成为大陆的开创性废弃物处置案例。在我国，威立雅的废弃物管理业务范围涵盖危废、垃圾填埋、填埋气发电、垃圾焚烧发电和资源回收等项目。在威立雅公司的运营下，高明苗村白石坳垃圾填埋场多年来日垃圾填埋量大大超过设计处理能力，仍能良好运作。该项目概况如图 7-22、图 7-23 所示。

图7-22 垃圾填埋场效果图　　　图7-23 填埋场填埋三区作业场

承担本次 PPP 项目实施方案编制和评估任务的咨询机构之一的广东省建筑设计研究院（GDADRI），成立于 1952 年，是国内最早成立的大型综合建筑勘察设计单位之一。

（1）项目运作方式

本项目采用 TOT（移交—运营—移交）+BOT（建设—运营—移交）模式，即政府完成前期主体工程后以 TOT 方式移交给投资人，投资人后续以 BOT 模式实施建设和运营。

（2）主要边界条件

1）特许经营期限

本项目的特许期为自本协议生效日始至以下较早发生的日期之间的期限：本项目垃圾填埋库容在符合填埋质量的前提下填埋完毕并全部完成封场；或 30 年期满；或若在 30 年特许期满本项目仍存在填埋库容，在遵守届时国家法律法规的前提下，在同等条件下，项目公司具有继续进行本项目特许经营的优先权。

2）项目所有权

在特许期内，项目公司拥有其名下的本项目的所有资产的所有权以及有关场地的土地使用权。

土地所有权归国家所有。给予项目公司的土地为本项目垃圾填埋及生活、生产配套设施专用。在未事先得到佛山市政府的书面许可之前，项目公司不得将该土地另作他用。

3）出资和融资

在特许期内，项目公司应完全负责筹集垃圾填埋场建设、运营和维护所需的所有资金，包括股本金和贷款。项目公司应通过申请中长期固定资产贷款和／或股东贷款筹集本项目总投资与注册资本的差额资金。

项目公司融资文件应经佛山市政府同意并备案，贷款的偿还应严格执行还款计划并接受佛山市政府监督。在特许经营期结束并将项目移交给佛山市政府以前，项目公司应自行全部清偿完毕本项目的贷款。

为项目融资的目的，项目公司可以按照特许经营协议的规定以其享有的特许经营权进行质押，并可以其有形资产和其他无形资产（包括土地使用权）进行抵押，条件是不得损害佛山市政府的利益并应事前获得佛山市政府的书面同意，并且融资担保产生的所有费用（包括但不限于为实现抵押或抵押权将划拨土地使用权转为出让土地使用权所产生的费用）由项目公司自行负担。

（3）双方责任

1）项目公司主要责任

①在其施工方法和过程中注重安全以保护生命、健康、财产和环境。

②在施工期间采取一切合理措施减少对公众、居民和商业的干扰和可能产生的不便，并应达到政府的有关要求和技术标准。

③及时获得从事建设工程所需要的批准，并使其保持有效，同时支付所有获得上述批准所需的费用和支出。

④项目公司的能力义务。在特许期内，项目公司应确保本项目所有填埋区的总库容达到设计要求，同时应将本项目的垃圾填埋能力全部用于正常连续处理佛山市政府指定垃圾收集供应方运送给项目公司的城市生活垃圾。未经佛山市政府的书面同意或指示，项目公司不得私自接收处理由任何第三方提供的生活垃圾。

⑤本项目设施处理城市生活垃圾的实际填埋能力应达到设计规定的 2000t/d。

⑥项目公司的垃圾填埋义务。在整个特许期内项目公司应自行承担费用和风险，负责本项目的管理、运营、维护和修理，项目公司应保证在整个特许期内始终按谨慎工程和运营惯例运营，使本项目设施处于良好的运营状态，并能够接收处理垃圾收集供应方提供的符合特许经营协议规定的所有城市生活垃圾。

⑦项目公司的垃圾填埋达标义务。项目公司应按照当时国家标准《城市生活垃圾卫生填埋场进行维护技术规程》CJJ 93—2003、《生活垃圾卫生填埋技术规范》CJJ 17—2004对本项目的城市生活垃圾进行卫生填埋，同时，生活垃圾摊铺、覆土和压实以及最终封场应满足特许经营协议规定。

⑧项目公司的渗滤液达标排放义务。项目公司应负责对垃圾填埋产生的渗滤液进行处理，并应保证渗滤液处理后的水质标。部分处理后的排放水可以回用于填埋场区、生活管理区和道路两侧绿化用水、室外消防用水以及生活杂用水如厕所冲洗水、洗车等，然后剩余的达标排放水排入场区的填埋管道。

⑨项目公司的环境保护义务。在本项目运营过程中，项目公司应按照特许经营协议的规定采取有效的措施保护环境，对不可避免的污染物如填埋气和垃圾渗滤液应按照工艺要求进行处理达标排放，并应定期向佛山市政府报告环境监测点的监测指标并接受佛山市政府的监督。

2）佛山市政府的主要责任

①按照规定提供建设工程场地；

②在建设期间协调和推进项目公司所有与有关政府部门相关的事宜；

③尽其所有合理的努力协助项目公司获得需由上级和相关

政府部门办理的批准。

④垃圾供应责任。在特许期内，佛山市政府应指定、安排和督促本项目各垃圾收集供应方按照本协议以及佛山市政府与项目公司投资人预先确认的垃圾处理合同的规定向项目公司运送数量足够和质量合格的生活垃圾。

垃圾填埋处理费支付责任。在试运营期和／或正式商业运营开始日开始后的运营期内，佛山市政府应督促和保证其安排指定的垃圾收集供应方按照前期工程交接确认书确认的试运营期垃圾处理规定和／或佛山市政府与项目公司投资人预先确认的垃圾处理合同以及本协议规定向项目公司按月支付垃圾填埋处理费。

2. 项目特点及经验借鉴

（1）充分发挥咨询顾问单位专业优势

本项目充分发挥了咨询顾问机构的专业优势，合理引导分担风险，经过多轮谈判，实现在同等技术经济条件下垃圾处理服务费价格最低（最低 67 元／t），为政府节省了大量的资金。

（2）科学制定项目合同，保证项目持续有效运行

项目合同条款及相关机制设计科学，合同签订 10 多年以来一直能够较好地发挥作用，为双方解决实施过程中产生的相关争议，目前项目已经进入中期评估阶段。

（3）择优选择社会资本，实现项目价值最大化

本项目选择的投资人技术经验丰富，填埋场建设标准高，运营维护效果好，设计规模为 2000t/d，最高填埋量达到 6000t/d，仍能保持良好运转。先后获得住房和城乡建设部"城市生活垃圾填埋场无害化处理等级评定Ⅰ级"、"广东省环保优秀示范工程"等荣誉。该项目已经成为国内填埋场运营的样板工程，既

有效地解决了当地垃圾处理问题，又提升了项目潜在经济和社
会价值，经济社会效益显著。

7.8 揭阳市中德金属生态城至揭阳潮汕国际机场大道（中德大道）PPP 项目

1. 项目概况

中德金属生态城选址揭阳市揭东区玉滘镇，规划总用地面
积约 3.5 万亩（2342 公顷），开发面积约 2 万亩。金属生态城内
重点打造"中国金属原材料、金属制品交易平台"，"中国金属
科技创新、工业设计平台"，"中国金属制品生产、机械制造平
台"，"废旧金属回收再生平台"，"中国金属产业人力资源平台"，
"中国金属产业金融平台"六大转型升级平台。中德金属生态城
采用"政府指导、协会主导、市场化运作"的开发模式，计划
总投资超 500 亿元，项目到 2020 年全部建成，预计年创工业总
产值 1500 亿元。

为加快中德金属生态城建设，配套完善园区周边基础设施，
改善交通条件，优化投资环境，揭阳市决定新建中德金属生态
城至揭阳潮汕国际机场大道（中德大道二期）工程（以下简称"中
德大道"）。

中德大道工程项目北起揭阳市省道 335 线，连接中德金属
生态城珠江大道，基本按照现状四合一路往南，跨越汕昆高速
公路公路，后经原山美渡口附近跨过枫江，在砲台新乡与规划
国道 206 并线，上跨汕梅客运专线后与机场路相交，路线全长
10.063km。

本项目 K0+000 ~ K6+442 全线采用设计速度 60km/h 的双向

六车道一级公路兼城市主干路标准建设，K6+442 ~ K10+063.388
采用设计速度 80km/h 的双向八车道一级公路兼城市道路标准建
设，路基宽分别为 60m、70m。总投资估算为 12.5 亿元。

揭阳市人民政府授权揭阳市地方公路管理总站作为本项目
的实施机构，负责组织开展政府采购，并与中标的社会资本（项
目公司）签署特许经营项目协议。

该项目由广东省建筑设计研究院提供技术、财务、法律及
商务方面的咨询服务。

该项目概况如图 7-24、图 7-25 所示。

图7-24　横断面布置效果图　　　图7-25　交叉口效果图

（1）实施主体

本项目是由揭阳市人民政府授权市地方公路管理总站作为
项目实施机构，负责组织开展政府采购，并与中标的社会资本（项
目公司）签署 PPP 项目协议。主体运作框架如图 7-26 所示。

（2）运行方式

作为新建公路，中德大道 PPP 项目拟采取 DBFO 的运作方
式，较适用于收费机制不明晰的项目。政府将项目设计、投资
融资、建设、运营及维护等全部交给社会资本，由政府通过向

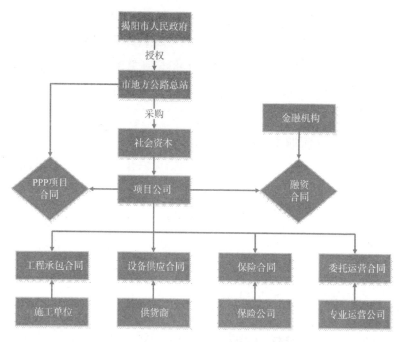

图7-26 主体运作框架

项目公司支付可用性服务费的方式购买项目可用性（符合验收标准的公共资产），以及支付运维绩效服务费的方式购买项目公司为维持项目可用性所需的运营维护服务（符合绩效要求的公共服务），该等可用性服务费和运营绩效服务费将纳入揭阳市跨年度的财政预算，并提请人大审议通过。

（3）主要边界

1）特许经营期限：13 年（含建设期 2 年）。

2）项目范围：中德金属生态城至揭阳潮汕国际机场大道，全长 9.890km。

3）土地使用权利。在合作期限内，政府无偿提供本项目用地给项目公司占用和使用，项目用地的土地权属不发生变化，仍由原土地使用权人持有，项目公司需自行承担与项目土地使用、房产等有关的各项税费。项目公司不得将土地用于项目之外的其他用途。如本项目实施过程中，涉及临时用地，则由政府方协助项目公司负责办理相关手续，但临时用地所涉费用由项目公司承担。

4）项目前期工作及费用承担。政府方已完成规划选址、环境影响评价及报批、立项及可研报批等项目的前期工作，项目公司全部接受并承担相应费用，包括第三方顾问机构咨询费用。

5）支付方式。本项目按照"基于可用性的绩效合同"模式，由政府向项目公司购买项目可用性（符合验收标准的公共资产）以及为维持项目可用性所需的运营维护服务（符合绩效要求的公共服务），政府方将根据PPP项目合同的约定按期支付可用性服务费以及运维绩效服务费。

项目公司需配合政府部门申请省、国家有关于本项目的补贴，所得到的补贴金额属于揭阳市政府所有，专款用于本项目的财政付费。

本项目的政府付费方式，由市地方公路总站向市财政局申请，直接支付给项目公司服务费（可用性服务费和运维绩效服务费）。服务费自项目交工验收通过之日起，每季度支付一次。

6）项目建设总投资的确定及调整

项目建设总投资是指为本工程建设而筹集、投入并经政府确认的全部费用，包括项目前期费用、项目建设费用、设备及安装费用、工程其他费用等。采购过程最终成交的建设项目总投资将作为本项目暂定的项目建设总投资（以下称"暂定的项目建设总投资"）。项目建设总投资最终数额为经市财政局或其指定的机构审定的工程结算价格（以下称"审定的项目建设总投资"）。

如果审定的项目建设总投资少于暂定的项目建设总投资的5%以内，最终确定的项目建设总投资应以暂定的项目建设总投资为准。

如果审定的项目建设总投资少于暂定的项目建设总投资的5%以上，按合同约定调低可用性服务费付费标准。

如果审定的项目建设总投资超过暂定的项目建设总投资，最终确定的项目建设总投资应为暂定的项目建设总投资。但由于政府方原因导致的变更使得最终确定的项目建设总投资超出暂定的项目建设总投资5%以上的部分，政府应予以补偿。

7）绩效考核

本项目的绩效考核体系包含两个方面，分别为建设期绩效考核指标和运营维护期绩效考核指标。

①建设期绩效考核

本项目可用性付费的支付前提为项目交工验收通过，最终确定的可用性付费金额需根据PPP项目合同中对审计价的相关机制约定计算。

②运营维护期考核

指标分为四个层级：前三级为基本考核指标，全部达标方能获得100%基准运维绩效付费，不达标的按照考核办法减付基准运维绩效付费（至多减付至70%）；第四级为奖励考核指标，达标的按考核办法增付奖励运营绩效付费（至多增付10%）。市地方公路总站可聘请第三方机构进行考核。

第一级（80%）：考核车道、人行道、路基、排水和其他设施（如桥梁、隧道）的维护，需符合《公路养护技术规范》JTG H10—

2009。

第二级（10%）：考核安全管理和突发事件管理，需符合《公路工程施工安全技术规程》JTG F90—2015、《公路养护安全作业规程》JTG H30—2015 和《城市道路养护维修作业安全技术规程》SZ-51-2006。

第三级（10%）：考核环境保护，需符合国家和省市现行环境保护法律法规及《公路建设项目环境影响评价规范》JTG B03—2006、《公路环境保护设计规范》JTG B04—2010。

第四级（10%）：考核利益相关者满意度，市地方公路管理总站聘请第三方机构对道路使用者及道路周边居民、企业进行公共调查，满意度需在 80% 以上。运营维护期内，市地方公路管理总站主要通过常规考核和临时考核的方式对项目公司服务绩效水平进行考核，并将考核结果与运维绩效付费支付挂钩。

2. 项目特点及经验借鉴

（1）由咨询机构提供 PPP 项目全流程一站式咨询服务

PPP 项目操作流程长，环节多，涉及内容较复杂，项目业主创新性地聘请咨询顾问机构提供全流程的咨询服务工作。实施过程中，充分发挥咨询顾问的人力资源、专业技术和经验优势，完成项目的可研报告、产出说明、物有所值评价、财政承受能力论证、市场测试、PPP 项目实施方案等 PPP 项目要求的程序文件，同时担任项目采购代理，完成了磋商文件编制、谈判等一系列工作，实现了 PPP 项目全流程一站式的咨询服务方式，不但极大减轻政府工作量，也使项目的执行具有更好的连续性，为实现项目绩效提供良好的保障。

（2）创新付费机制，降低政府支付风险

创新付费机制，服务费采取按绩效付费的方式，将绩效考核结果与服务费支付挂钩，并且在建设期和运营维护期间，分别设置考核机制，保障项目建设和运营维护质量，降低政府支付风险。

（3）创新设定了投资节约共享分成机制，既提供社会资本方节约投资的动力，又有利于更好的实现物有所值

针对以往项目投资调整机制的不合理问题进行完善，针对性地设计了合理的投资调整机制，若最终投资额超出中标价，则由社会资本承担超出费用，若最终节省投资，则由政府和社会资本共同分享节省部分的投资额，大大减少工程建设过程中政府方需要承担的商业风险，同时提高社会资本节约工程建设投资的动力。

7.9 佛山市禅城区城南片区水环境生态修复试点工程 PPP 项目

1. 项目概况

本项目是按照建设部黑臭水体治理要求开展的水环境整治示范项目，是佛山市首个水环境整治 PPP 项目，对于在水环境领域推广采用 PPP 模式具有很好的示范意义。

水环境整治范围包括新市涌（新市水闸至金华路河段）、深村村中涌、奇槎涌（玫瑰公园至文华中路河段）、明窦涌、江湄涌、西华涌及亚洲艺术公园，待治理河涌长度约 9km，片区水系水域面积合计 410700m²，总投资估算为 1.4 亿元。

（1）实施主体

本项目是由佛山市公有资产管理办公室作为实施机构组织开展政府采购，并授权国有水务公司与中标的社会资本（项目公司）签署 PPP 项目协议。主体运作框架如图 7-27 所示。

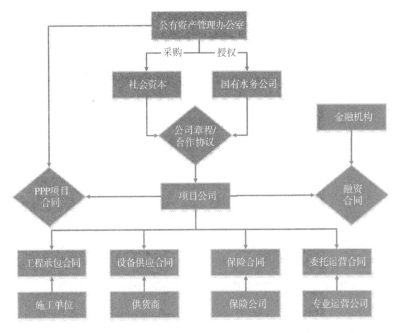

图7-27 主体运作框架

该项目概况如图 7-28、图 7-29 所示。

图7-28 新市涌整治后效果图　　图7-29 亚洲艺术公园整治后效果图

（2）运行方式

本项目采用设计—建设—融资—经营（DBFO）模式，由社会资本完成项目的立项、勘察设计、施工建设、运营及移交等工作。

2. 项目特点及经验借鉴

（1）佛山市首个成功实施的水环境整治 PPP 项目

本项目是按照住房和城乡建设部黑臭水体治理要求开展的水环境整治示范项目，是佛山市首个水环境整治 PPP 项目，对于在水环境领域推广采用 PPP 模式具有很好的示范意义。

（2）合理设计风险分担机制，提高实施效率和效果

风险分担机制设计合理，将项目的设计、建设、运营及维护等全部责任交由社会资本方，并给予其足够的自主权，政府只考核结果，而不限制过程和方式，以实现最终水质效果为考核目标，充分发挥社会资本的技术管理优势，提高实施效率和效果。

（3）科学设置绩效服务机制，降低政府支付风险

服务费采取按绩效付费的方式，将绩效考核结果与服务费支付挂钩，并设计了多方位的绩效考核体系，降低政府支付风险，有利于实现黑臭水体治理的长效机制。

7.10 北京现代有轨电车西郊线委托运营项目

1. 项目概况

北京现代有轨电车西郊线是北京市首条现代有轨电车线路，全长约 8.8km，全线设车站 6 座，全部为地面站，其中巴沟站可与地铁 10 号线衔接。西郊线是一条服务于西郊地区，以休闲、旅游观光为主的现代有轨电车专用线路，项目总投资约为 47 亿元，计划于 2016 年底分段开通试运行。

北京轨道交通西郊线投资有限公司作为项目的产权单位（招

标主体），将通过市场化竞争的模式选择社会资本方参与西郊线项目的建设，在委托运营期内负责运营、管理、维护维修、更新改造西郊线资产、提供客运服务、代收票款及经营非客运业务并在委托运营期结束后将西郊线资产无偿移交给西郊线公司。委托运营期为 10 年。本项目暂处于招标准备阶段。

该项目平面走向示意如图 7-30 所示。

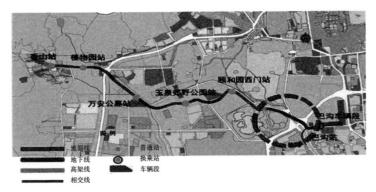

图7-30 北京市现代有轨电车西郊线平面走向示意图

2. 项目特点及经验借鉴

（1）创新了委托运营服务费的计价模式，将传统简单运营成本加合理利润的计费模式创新为以车公里服务费的计价模式。

（2）将更新改造投资纳入车公里服务费范畴，由社会资本方在投标阶段对委托运营期内计划发生的更新改造投资进行报价并在协议中予以约定。委托运营期满，实际更新改造发生额大于协议约定额，将由项目公司承担，实际发生额小于协议约定额，节约部分由政府方与项目公司分成。与传统模式更新改造实行实报实销相比，项目公司往往会将维修维护的责任转嫁到更新改造上，在维修维护无法清晰界定的前提下，该模式在一定程度上减轻了政府的补贴负担。

（3）纳入绩效考核奖惩机制，切实提高线路的运营管理、客运服务、资产管理水平。

（4）大量的前期调研、考证工作，为项目推进提供了有效的保障。该项目为北京首条有轨电车，有轨电车的运行特点介于地铁和公交两者之间，在没有任何法律、法规及标准的前提下，财务模型包括维护维修、更新改造投资、人员设置、耗能等如何测算，对工作团队来说面临着巨大的考验。借鉴多次调研、考证、组织专家评审经验，完成了财务模型的最终定稿。

7.11 惠州市惠阳区榄子垅环境园生活垃圾综合处理场（填埋+焚烧）特许经营权BOT项目及周边配套工程BT项目

1. 项目概况

（1）实施主体

本项目是由惠州市惠阳区市容环境卫生管理局作为实施机构组织开展政府采购，并与中标的社会资本（项目公司）签署《特许经营权协议》（含BT合同）。

（2）运行方式

本项目采用BOT+BT模式。

（3）主要边界

1）特许经营期限：25年（含建设期）。

2）项目规模：垃圾填埋场处理量起点为450t/d，垃圾焚烧发电厂起点规模为800t/d，最大处理规模为1200t/d。

3）BT工程建设范围：项目所需的进场道路、场外供排水设施、通信设施、供电设施和输变电外电源和联接设施和其他必要的场外设施。

2. 项目特点及经验借鉴

（1）在届时法规、政策并未严禁 BT 模式的前提下，本项目将周边配套工程的建设以 BT 模式实施，大大缓解了政府的财政压力，有利于项目顺利实施。

（2）绩效考核与付费挂钩，督促项目公司提高建设标准、增强运营维护效率。

（3）主管部门充分信任和依赖专业顾问，历经一年多的充分准备，合法、合规、顺利引进了社会资本方。

（4）经后期参观调研，本项目的各项排放指标优于新国标和欧盟标准，民众关注垃圾焚烧产生的二噁英有害物质在 850℃以上的高温环境下可完全分解。

7.12 江门市旗杆石生活垃圾填埋场特许经营权 BOT 项目

1. 项目概况

（1）实施主体

本项目是由原江门市公用事业管理局与项目公司签署《特许经营权协议》；江门市蓬江区政府、江海区政府和新会区政府分别与项目公司签署《垃圾供应与结算合同》。

（2）运行方式

本项目采用 BOT+BT 模式。

（3）主要边界

1）特许经营期限：30 年（含建设期）。

2）项目规模：1000t/d。

2. 项目特点及经验借鉴

（1）该项目是江门市首个引进民营资本的垃圾填埋处理特许经营权 BOT 项目，对江门后续的同类项目起到了很强的示范作用；也对其他地区民营企业参与 PPP 项目起到了鼓舞作用。

（2）充分信任和依赖专业顾问，高效规范操作。

（3）政府方及顾问单位与中标候选人经过多轮艰苦谈判，最终选定了价格相对较低、技术和服务均较优质的联合体进行投融资、建设运营该项目，实践表明，项目进展顺利。

（4）该项目获得广东省第一批 I 级无害化填埋场等级，标志此项目的建设和运营已达到国内相当高的水平，值得同类项目借鉴。

7.13 上海老港城市生活垃圾卫生填埋场特许经营权 BOT 项目

1. 项目概况

（1）实施主体

本项目是由上海市容环境卫生管理局与项目公司签署《特许经营权协议》，垃圾供应与结算方同项目公司签署了《垃圾供应与结算协议》。

（2）运行方式

本项目采用特许经营 BOT 模式。

（3）主要边界

1）特许经营期限：30 年（含建设期）。

2）项目规模：约 8000t/d（目前处理量）。

2. 项目特点及经验借鉴

（1）按绩效、产出付费，而非按照设施或者投入付费的原则在本项目得到了充分的体现。分别设计了两项公共产品绩效指标：压实效果和填埋量，协议中约定如两项指标未按要求达标，将给予项目扣款惩罚。

（2）在项目完工验收方面，政府方鼓励项目公司提前完工，及时组织验收的同时，还在验收通过后立即供应垃圾，相当于延长了项目公司的收费期限，增加了其经济效益。

（3）项目协议前瞻性地对沼气利用做出了约定，即如果项目公司以后希望利用这些沼气，报政府批准之后即可实施，产生的收益由双方共享。目前，上海老港四期垃圾处理场项目对填埋气已进行了有效利用，并申请了世界清洁碳交易，每年可从中获得数千万元经济效益。

（4）项目的核心文件《特许权协议》和《垃圾供应与结算协议》全面、详尽，采用符合国际项目融资要求和国内 BOT 成功项目实践的结构和条款条件，对各方的权利和义务约定清晰，可操作性强，被住房和城乡建设部作为垃圾项目《特许经营权协议范本》的蓝本。

7.14 中国四川省成都市自来水六厂 B 厂特许经营权 BOT 项目

1. 项目概况

（1）实施主体

本项目是由成都市人民政府与项目公司签署《特许经营权协议》，成都市自来水公司与项目公司签署《供水协议》。

（2）运行方式

本项目采用 BOT 模式。

（3）主要边界

1）特许经营期限：18 年（含建设期 2.5 年）。

2）项目规模：40 万 m³/d 供水量、50km 供水管线。

2. 项目特点及经验借鉴

（1）国内首次在市政公用事业领域引入外国资金和私人资本，打破市政公用领域传统的政府垄断投资模式，为我国首个自来水厂 PPP 项目，为后续同类项目的发展开辟了先河。1999年被著名的《项目融资》杂志评为优秀融资项目之一。

（2）引资的同时引进了先进技术。项目在建设过程中，重视概念性设计，为了节约投资，设计更注重设施的功能性，节俭紧凑，采用集约型设计理念，占地面积由原计划的 100 亩减少为 70 亩。经营管理高效，与我国传统设计相比，大幅度降低了投资建设和运营成本，提高了投资效益。

（3）在 B 厂项目招标中最主要的考虑因素是水价，所有的成本，包括回报都包含在水价中，一旦投资人报出水价，且获得政府认定后，这一价格就成为项目公司今后投资和运营回报的基础。政府不与投资人讨论回报高低问题，充分体现了"谁投资谁受益，谁承担风险"的原则。

7.15 江门市江海污水处理厂特许经营权 BOT 项目

1. 项目概况

（1）实施主体

本项目是由原江门市市政公用事业管理局与项目公司签署

《特许经营权协议》。

（2）运行方式

本项目采用 BOT 模式。

（3）主要边界

1）特许经营期限：26 年（含建设期）。

2）项目规模：首期处理能力为 2.5 万 m^3/d，建成第五年污水处理能力达到 5 万 m^3/d。

2. 项目特点及经验借鉴

（1）该项目是江门地区首家、广东省第二家采取膜技术的城镇生活污水处理厂。

（2）江海污水处理厂有两种不同的污水处理工艺，有关部门计划把这里建成环保教育基地。

（3）充分信任和依赖专业顾问，高效规范操作。

（4）为江门市后续同类项目的实施提供了示范效益。

7.16 江门市滨江体育中心 DBO 项目

1. 项目概况

（1）实施主体

本项目是由江门市滨江新区管理委员会及江门市滨江建设投资管理有限公司与项目公司签署《特许经营权协议》。

（2）运行方式

本项目采用特许经营 DBO 模式，由项目公司设计、建设、最终竣工后移交项目公司运营模式。

（3）主要边界

1）特许经营期限：30 年（开始商业运营日起算）。

2）项目规模：体育场的建筑面积为 4.5 万 m²，含足球比赛、田径、游泳、训练、竞赛等场地，此外，还规划了 4 万 m² 的体育馆，座位 6000 个，可以满足体操、艺术体操、排球、篮球、羽毛球、室内足球、举重、蹦床、拳击等运动。而在展览馆部分，规划设置了新闻媒体发布中心。

2. 项目特点及经验借鉴

（1）滨江体育中心项目是国内首次将 DBO 模式运用于非水务行业，开创了国内采用 DBO 模式建设体育设施的先河。DBO 模式决定了项目承包商（责任主体）要承担从设计到建造和运营的全过程，原来的三个角色变成了一个角色，减少了摩擦和争议；责任主体对价格、对工艺、对质量负责，相当于把一件事情交给一个管家，让管家负责下面的设计、建设和运营。也因为责任主体承担运营，它更有动力优化设计和施工，在整个工程周期过程中就有很多机会来应用创新创造高效益。

（2）与大型体育场馆多座落在郊区不同，滨江体育中心除了要承担大型的体育赛事外，还有一个重要任务，就是带旺滨江新区的人气，与其周边的酒店、写字楼、大型商场等基础配套设施一起，将人吸引过来，成为江门市的新地标。因此，项目方案最终确定了体育中心建设与周边开发紧密结合的模式，将项目的设计、建造与运营都统一归入一份单一的总合同，要求场馆配套设施与主体设施同步建设完工，避免二次改造，使运营商提早介入，设计要求体现简洁、节约、节能环保和有特色，并且明确提出在设计阶段就要把体育中心在非承担大型体育赛事期间如何运营考虑进去，这也是该项目采取 DBO 模式建设的原因。

（3）由于本项目较为特殊，设计责任重大，为了鼓励设计单位认真细致地做好设计工作，设计费参考了类似场馆的操作，在勘察设计收费标准的允许范围内，考虑了专业调整系数、复杂系数、附加系数和上浮幅度等。

（4）为了优化设计方案，提高设计质量和水平，本项目安排了设计咨询工作。设计咨询单位负责对设计全过程监理以及施工图审查等工作。体育咨询单位负责对设计、施工、验收等全过程的体育工艺等的咨询和监督管理。

（5）项目咨询顾问认真调研考察了深圳、佛山等周边城市体育场馆的运营补贴数据和绩效考核办法，编写了运营补贴方案和绩效综合评估标准。特许经营期的前十年，业主对项目公司进行运营补贴，且运营补贴与绩效综合评估结果挂钩。

7.17 青岛海湾大桥 BOT 项目

1. 项目概况

（1）实施主体

本项目是由青岛市交通运输委员会与项目公司签署《青岛海湾大桥特许经营权协议》《胶州湾高速租赁经营协议》及相关文件。

（2）运行方式

本项目采用 BOT 模式。

（3）主要边界

1）特许经营期限：25 年（含建设期）。

2）项目规模：引桥和连接线全长超过 41.58km，为世界第一跨海长桥。该桥为双向六车道高速公路兼城市快速路八车道，设计行车时速 80km，桥梁宽度 35m，设计基准期 100 年。

2. 项目特点及经验借鉴

（1）项目工作小组在完成了交通流量分析以及项目财务模

型分析的基础上，确定了"捆绑经营"的招商策略，以吸引社会投资人参与本招商项目。所谓"捆绑经营"，即为了保证项目的财务可行性，中标人组建的项目公司除了取得大桥的建设经营权外，还将取得胶州湾高速公路的交通经营权，并拥有广告经营权和用海用地范围内旅游开发经营权。

（2）协议文本规范，本项目采用签署特许经营协议的方式向投资人授予特许经营权，对大桥投资、建设、运营和移交等主要内容都进行了明确约定，开创了国内跨海桥梁 BOT 招商项目的先河。

（3）青岛海湾大桥特许经营权协议正式签署之后，在公司股东支持下，项目公司与多家金融机构密切配合，积极落实银行对海湾大桥项目的授信审批工作。最终确定了由工商银行、十七家商业银行参与的银团贷款方案，各家银行为海湾大桥项目办理了综合授信，累计授信额度达到 260 亿元，超额认购率达到 400%，确保项目融资的最终落实。

（4）该项目为当时中国投资额最大的 BOT 项目，进展顺利。2011 年荣膺"全球最棒桥梁"荣誉称号。

7.18 广西来宾 B 电厂特许经营权 BOT 项目

1. 项目概况

（1）实施主体

本项目是由自治区政府与项目公司签署了《特许经营协议》、广西建设燃料有限公司与项目公司签署了《燃料供应协议》、广西供电局与项目公司签署了《购电合同》。

（2）运行方式

本项目采用 BOT 模式。

（3）主要边界

1）特许经营期限：18 年（建设期 2 年 9 个月），已于 2015 年 9 月 3 日无偿移交给政府方。

2）项目规模：装机规模 72 万 kW，电厂的主要设备是两台 360 万 kW 的燃煤发电机组。

2. 项目特点及经验借鉴

（1）项目公司通过有限追索的项目融资方式筹措 75% 的项目资金，4.62 亿美元的贷款中约 3.12 亿美元由法国出口信贷机构（法国对外贸易公司）提供出口信贷保险。我国各级政府、金融机构和非金融机构未对该项目融资提供任何形式的保险，建设期及运营期分别提交履约保证金 3000 万美元。项目的融资机构、商业条款和电价水平体现了我国及广西实际情况与国际资本市场的有机结合。

（2）政府方允许投资者将其从电厂经营中取得的人民币收入，扣除税费后，换成外汇汇出境外。

（3）本项目引进了创新的技术方案（高环保、低耗能）及较高的营运管理水平，大大降低了项目全生命周期的各项成本。

（4）本项目为国家计委批准的中国首例外商投资 BOT 项目；荣获"1997 年度最佳中国项目"、"1997 年度最佳亚太电力项目"等业绩十项大奖，并引领了各地 BOT 项目的投资高潮。作为 BOT 探路者的成功破题与完美收官、为我国当前推进 PPP（政府与社会资本合作）模式提供了重要范例。

7.19 天津海洋高新区供热特许经营项目

1. 项目概况

（1）实施主体

本项目是由天津海洋高新区管理委员会与项目公司签署《特许经营权协议》。

（2）运行方式

本项目采用 BOT 模式。

（3）主要边界

1）特许经营期限：30 年（含建设期）。

2）项目规模：近期（2009 年）的主要用户的供热面积约为 15 万 ~ 20 万 m²；中期（2012 年）约为 60 万 ~ 80 万 m²；远期在 240 万 m² 以上。

2. 项目特点及经验借鉴

（1）特许经营期限为 30 年（含建设期），项目公司前 20 年投资所形成的项目设施在特许经营期满后无偿移交给政府方；后 10 年投资所形成项目设施按评估价移交给政府方。

（2）在供热成本（主要为燃料）大幅上涨但又无法启动调价时，供热企业申请并经管委会审核同意给予临时性补贴。

（3）考虑到供热管网的设计使用寿命一般为 15 ~ 20 年且更新改造的投资较大，政府方从"供热管网改造更新基金"支出补贴，作为本项目成功招商引资的一个条件。

（4）根据协议制定考核和评标标准，每年对项目公司进行绩效考核，考核优良时给予一定金额的奖励，相反则进行一定的金额的处罚。

7.20 佛山高明苗村白石坳生活垃圾卫生填埋场《特许经营权协议》补充协议谈判项目

1. 项目概况

佛山高明苗村白石坳生活垃圾卫生填埋场特许经营权招商（竞争性谈判），佛山奥绿思垃圾处理有限公司（以下简称"奥绿思公司"）与佛山市公用事业管理局（后更名为"佛山市住房和城乡建设建管理局"）于 2005 年 12 月 8 日正式签署了《特许经营权协议》并运营至今。

鉴于《特许经营权协议》从 2005 年生效以来已有 10 年时间，协议约定的边界条件、基于的法律或政策等都有了较大的变更，且在项目实际履行过程中，出现了一些原协议未约定的争议事项。因此，《特许经营权协议》双方均有意愿对前述问题和事项进行梳理和谈判，并形成对《特许经营权协议》的补充协议，以便双方更好地履行《特许经营权协议》，并持续高效地运营高明填埋场项目。

2. 项目特点及经验借鉴

（1）本项目属于对原有 PPP 项目服务的延续和扩展，因顾问团队了解原有项目背景、故能在本项目的谈判中切实维护政府方利益，推动谈判顺利进行。

（2）项目谈判涉及法律变更引起的一般补偿、新增建设 / 运营内容的处理、浓缩液的处理、场区外高压线路权属的确定、封场费用专项资金的调整、垃圾价格调整方式的调整（项目公司诉求）、填埋气发电项目的投资、建设、运营、分成模式等；通过对该等问题的逐一探究并解决，咨询团队积累了丰富的经验，对其他项目的咨询服务有重要的借鉴意义。

（3）任何一项商业谈判行为，在保证雇主利益的同时，需以合作双赢为目的，平衡双方的权利和义务。

7.21 亚洲开发银行 PPP 培训项目（中国四川省成都市自来水六厂 B 厂 BOT 项目）

1. 项目概况

2009 年,为促进中亚区域经济合作体（CAREC）成员国（包括阿富汗、阿塞拜疆、中华人民共和国、哈萨克斯坦、吉尔吉斯斯坦共和国、蒙古国、塔吉克斯坦和乌兹别克斯坦）进一步发展公私合营（PPP）模式,亚洲开发银行（亚行）聘请了曾经为 BOT 项目提供过咨询服务的 PPP 项目领域的资深专家,对成都市自来水六厂 B 厂 BOT 项目的前期准备、实施和运行及目前的状况进行了全面系统的研究和实地考察,在此基础上完成了案例教材的编制工作。该教材用于亚行为 CAREC 成员国的政府高级官员所举办的 PPP 案例培训班进行学习。

2. 项目特点及经验借鉴

（1）通过进一步学习成功案例,对促进发展中国家和地区的市政公用基础设施市场化发展,吸引外国和本国民间资本,切实提高当地的经济和公共服务水平起到了重要的借鉴意义。

（2）培训期间,通过听取如上各国高级官员对项目的讨论和疑问,咨询顾问拓宽了国际视眼,为我国各级政府在其他基础设施项目 PPP 项目引进外商投资企业积累了经验。

（3）通过对项目 10 年运营期间的考察、调研、探究,更加深了对项目经验及不足的认识。

（4）政府、企业、咨询顾问可就 PPP 成功案例多组织相关人员学习、讨论及碰撞。

7.22 江门市污水 BOT 特许经营现状及 PSP 法规环境报告

1. 项目概况

2010 年，咨询顾问单位授江门市城管局委托，帮助江门市建立和完善污水处理厂特许经营市场监管体系，对江门 BOT 特许经营现状及 PSP 法规进行调研，并编制调研报告。调研涉及政府主管部门及目标企业，江门龙泉污水处理厂、江海污水处理厂。调研内容涉及履约能力、遵守法律、法规的情况、调价的执行、财务监管、建设完工、投融资、新建改造项目、项目协议的履行和修订、社会义务的履行、补贴、监管架构、争议解决、建设程序、对技术规范的执行、管理架构、设备、臭气、污泥处理、年度运行计划、运行情况、成本控制、人员培训、岗位考核、监管、事故应急、周边居民评价及环境评价。

2. 项目特点及经验借鉴

（1）本项目咨询顾问在全球环境基金（GEF）赠款 BOT 咨询项目下，完成了对江门市正在实施中的几个 BOT 项目的中期评估，并完成了江门市污水 BOT 特许经营现状及 PSP 法规环境报告，是国内针对特许经营 BOT 类项目全面履行政府监管和评估的典范。

（2）从江门污水处理特许经营相关的各个环节、单位入手，通过与有关政府部门、企业、个人探讨交流现有的特许经营制度实施情况，调研其提供的相关资料，客观地对江门市污水特许经营及其法律环境的现状、存在的问题、可借鉴之处进行了挖掘和呈现。

（3）本项目对实施 BOT 特许经营模式的污水处理厂和垃圾处理场实施了中期评估，并向江门市政府出具了中期评估报告，为政府部门更有效的继续履行 BOT 合同和监管项目公司提供了依据。

（4）对江门市污水处理行业有关特许经营实施的现状及相关法律的适用环境和实施情况进行了深入了解和分析，完成了江门市污水 BOT 特许经营现状及 PSP 法规环境报告，为江门市建立和完善特许经营体制及有针对性的监管体系打好了基础。

第8章 附则

附件:

    1. 名词解释;

    2. 主要法律法规、规章制度和政策文件;

    3. 生活垃圾或污水处理基础设施 PPP 项目操作流程图;

    4. 物有所值评价工作流程图;

    5. 财政承受能力论证工作流程图;

    6. 生活垃圾或污水处理基础设施 PPP 项目主要运行方式;

    7. 生活垃圾或污水处理基础设施 PPP 项目采购方式操作流程图;

    8. 案例分析。

附件 1：名词解释

（1）全生命周期（Whole Life Cycle）是指项目从设计、融资、建造、运营、维护至终止移交的完整周期。

（2）产出说明（Output Specification），是指项目建成后项目资产所应达到的经济、技术标准，以及公共产品和服务的交付范围、标准和绩效水平等。

（3）物有所值（Value for Money，VFM）是指一个组织运用其可利用资源所能获得的长期最大利益。VFM 评价是国际上普遍采用的一种评价传统上由政府提供的公共产品和服务是否可运用政府和社会资本合作模式的评估体系，旨在实现公共资源配置利用效率最优化。

（4）财政承受能力论证是指识别、测算政府和社会资本合作项目的各项财政支出责任，科学评估项目实施对当前及今后年度财政支出的影响，为 PPP 项目财政管理提供依据。采用定量和定性分析方法，坚持合理预测、公开透明、从严把关，统筹处理好当期与长远关系，严格控制 PPP 项目财政支出规模。

（5）公共部门比较值（Public Sector Comparator，PSC）是指在全生命周期内，政府采用传统采购模式提供公共产品和服务的全部成本的现值，主要包括建设运营净成本、可转移风险承担成本、自留风险承担成本和竞争性中立调整成本等。

（6）使用者付费（User Charge）是指由最终消费用户直接付费购买公共产品和服务。

（7）可行性缺口补助（Viability Gap Funding）是指使用者付费不足以满足社会资本或项目公司成本回收和合理回报，而由政府以财政补贴、股本投入、优惠贷款和其他优惠政策的形式，给予社会资本或项目公司的经济补助。

（8）政府付费（Government Payment）是指政府直接付费购买公共产品和服务，主要包括可用性付费（Availability Payment）、使用量付费（Usage Payment）和绩效付费（Performance）用量和质量等要素。

附件2：生活垃圾或污水处理基础设施PPP项目操作流程图

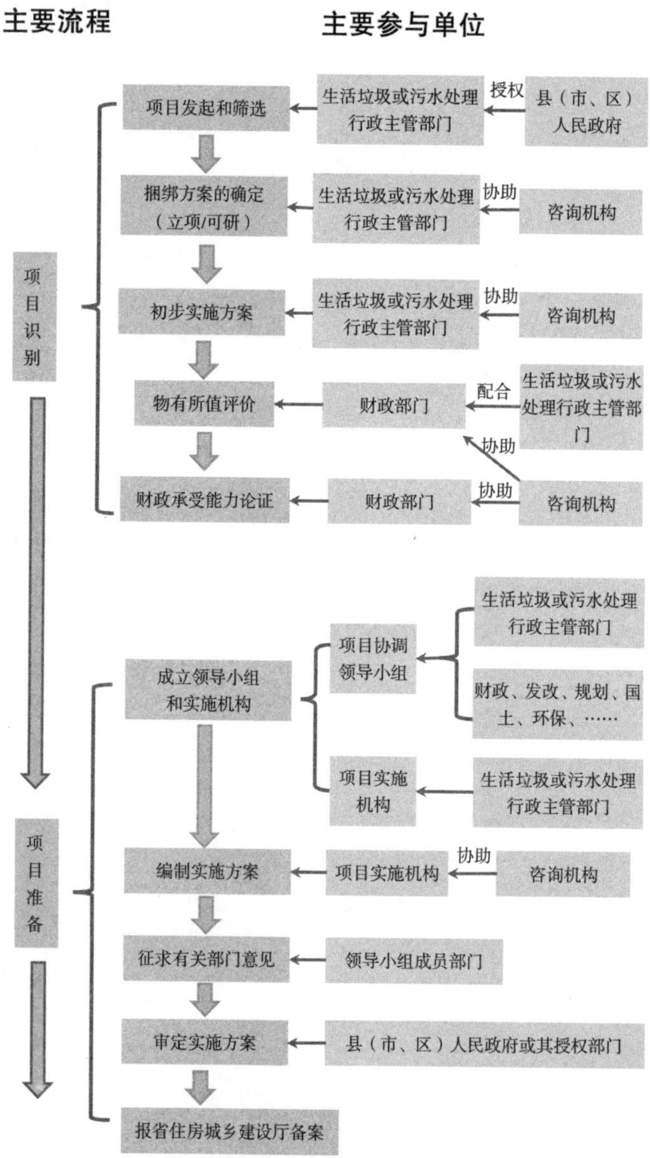

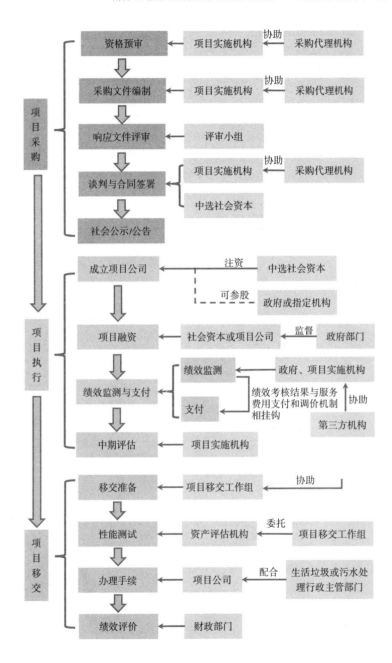

附件 3：物有所值评价工作流程图

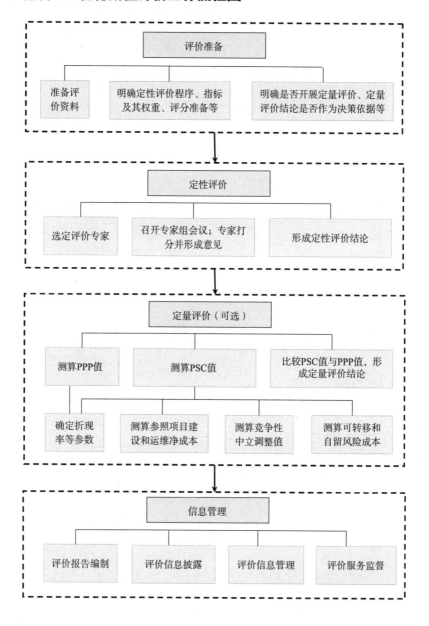

附件4：财政承受能力论证工作流程图

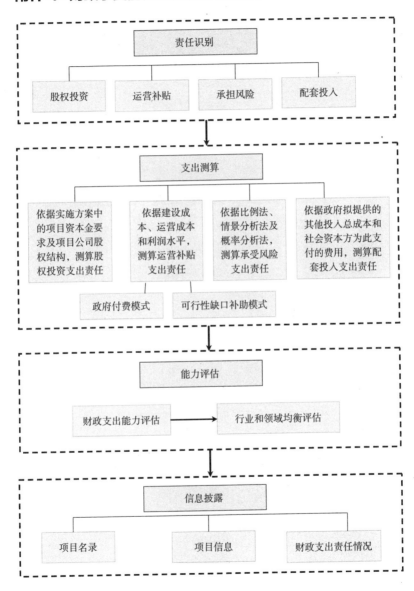

附件5: 生活垃圾或污水处理基础设施 PPP 项目主要运行方式

（1）转让—运营—移交（Transfer-Operate-Transfer，TOT）

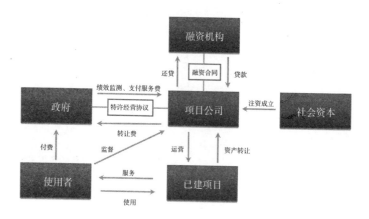

（2）改建—运营—移交（Rehabilitate-Operate-Transfer，ROT）

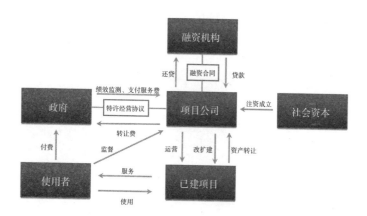

（3）建设—运营—移交（Build-Operate-Transfer，BOT）

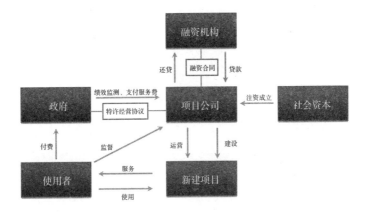

（4）设计—建设—融资—经营（Design-Build-Financing-Operate，DBFO）

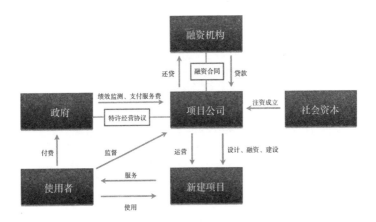

附件 6: 生活垃圾或污水处理基础设施 PPP 项目采购方式操作流程图

(1) 公开招标方式

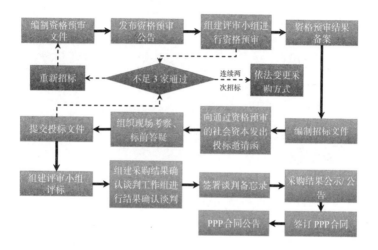

(2) 邀请招标方式

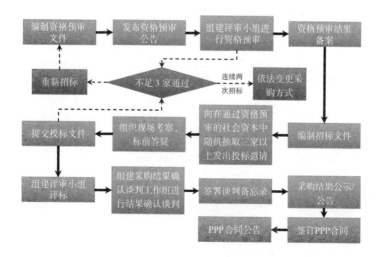

（3）竞争性谈判方式

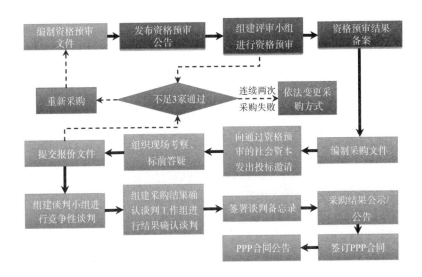

（4）竞争性磋商方式

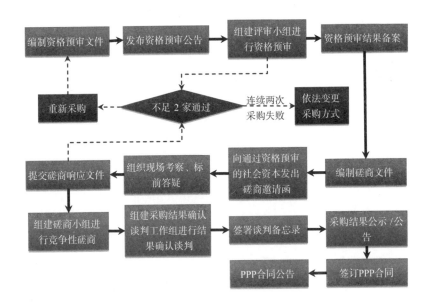

（5）单一来源方式

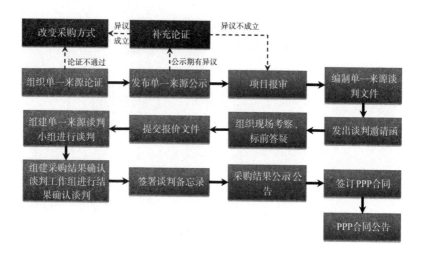